工业和信息化人才培养工程系列丛书

1+X 证书制度试点培训用书

Web 前端开发（初级）（上册）

工业和信息化部教育与考试中心　主编

電子工業出版社

Publishing House of Electronics Industry

北京 · BEIJING

内 容 简 介

面向职业院校和应用型本科院校开展 1+X 证书制度试点工作是落实《国家职业教育改革实施方案》的重要内容之一，为了便于 X 证书标准融入院校学历教育，工业和信息化部教育与考试中心组织编写了《Web 前端开发（初级）》。

本教材以《Web 前端开发职业技能等级标准》（初级）为编写依据，分上、下两册，包括 Web 页面制作基础、JavaScript 程序设计、HTML5 和 CSS3 开发基础与应用、轻量级框架应用四篇，分别对应《Web 前端开发职业技能等级标准》（初级）涉及的四门核心课程："Web 页面制作基础""JavaScript 程序设计""HTML5 开发基础与应用""轻量级前端框架"。

本教材以模块化的结构组织各篇及其章节，以任务驱动的方式安排教材内容，选取静态网站设计与制作的典型应用作为教学案例。本教材可用于 1+X 证书制度试点工作中的 Web 前端开发职业技能等级证书教学和培训，也可以作为期望从事 Web 前端开发职业的应届毕业生和社会在职人员的入门级自学参考用书。

图书在版编目（CIP）数据

Web 前端开发：初级. 上册 / 工业和信息化部教育与考试中心主编. —北京：电子工业出版社，2019.8
（工业和信息化人才培养工程系列丛书）
1+X 证书制度试点培训用书

ISBN 978-7-121-36803-5

Ⅰ. ①W…　Ⅱ. ①工…　Ⅲ. ①网页制作工具－高等学校－教材　Ⅳ. ①TP393.092.2

中国版本图书馆 CIP 数据核字（2019）第 113169 号

责任编辑：胡辛征　　　特约编辑：田学清
印　　刷：大厂回族自治县聚鑫印刷有限公司
装　　订：大厂回族自治县聚鑫印刷有限公司
出版发行：电子工业出版社
　　　　　北京市海淀区万寿路 173 信箱　　　邮编：100036
开　　本：787×1092　1/16　印张：13　字数：328 千字
版　　次：2019 年 8 月第 1 版
印　　次：2024 年 7 月第22次印刷
定　　价：49.00 元

凡所购买电子工业出版社图书有缺损问题，请向购买书店调换。若书店售缺，请与本社发行部联系，联系及邮购电话：（010）88254888，88258888。

质量投诉请发邮件至 zlts@phei.com.cn，盗版侵权举报请发邮件至 dbqq@phei.com.cn。

本书咨询联系方式：（010）88254580，zuoya@phei.com.cn。

前 言

为积极响应《国家职业教育改革实施方案》，贯彻落实《关于深化产教融合的若干意见》《国家信息化发展战略纲要》的相关要求，应对新一轮科技革命和产业变革的挑战，促进人才培养供给侧和产业需求侧结构要素全方位融合，促进教育链、人才链与产业链、创新链有机衔接，推进人力资源供给侧结构性改革，深化产教融合、校企合作，健全多元化办学体制，完善职业教育和培训体系，着力培养高素质劳动者和技术技能人才。工业和信息化部教育与考试中心依据教育部《职业技能等级标准开发指南》中的相关要求，以客观反映现阶段行业的水平和对从业人员的要求为目标，在遵循有关技术规程的基础上，以专业活动为导向，以专业技能为核心，组织企业工程师、高职和本科院校的学术带头人共同开发了《Web 前端开发职业技能等级标准》。本教材以《Web 前端开发职业技能等级标准》中的职业素养和岗位技术技能为重点培养目标，以专业技能为模块，以工作任务为驱动进行组织编写，使读者对 Web 前端开发的技术体系有更系统、更清晰的认识。

随着新一轮科技革命与信息技术革命的到来，推动了产业结构调整与经济转型升级发展新业态的出现。战略性新兴产业快速爆发式发展的同时，对新时代产业人才的培养提出了新的要求与挑战。据中国互联网络信息中心统计，截至 2018 年 12 月，我国网民规模达 8.29 亿人，手机网民规模达 8.17 亿人，网站数量达 523 万个，手机 App（移动应用程序）在架数量约为 449 万款。在“互联网+”战略的引导下，Web 前端开发人员已经成为网站开发、App 开发及人工智能终端设备界面开发的主要力量。企业增加门户网站的推广，从 PC 端到移动端，再到新显示技术、智能机器人、自动驾驶、智能穿戴设备、语言翻译、自动导航等新兴领域，全部需要运用 Web 前端开发技术。在智能制造等战略及新兴产业的高速发展中，出现了极为明显的人才短缺与发展不均衡现象。目前，软件开发行业中企业对 Web 前端开发工程师的需求量极大，全国总缺口每年大约为近百万人。

随着移动互联网技术的高速发展，网站在静态页面的基础上添加了各类桌面软件，网页不再只是承载单一的文字和图片，而是要求具备炫酷的页面交互、跨终端的适配兼容功能，使用富媒体让网页内容更加生动，从而让用户有更好的使用体验，这些都基于前端技术来实现，其中包括 HTML、CSS、HTML5、CSS3、AJAX、JavaScript、jQuery 等，使得无论是在开发难度上还是在开发方式上，都对前端开发人员提出了越来越高的要求。

本教材分上、下册，内容包括 Web 页面制作基础、JavaScript 程序设计、HTML5 和 CSS3 开发基础与应用、轻量级框架应用 4 个篇目 14 个章节。

第一篇 Web 页面制作基础。本篇是 Web 程序设计的基础知识，包含 Web 基础常识、HTML 元素构建页面、CSS 基本样式修饰、盒子模型、网页布局等内容。其中包括第 1 章 Web 简介，第 2 章 HTML 基础，第 3 章 CSS 基础。

第二篇 JavaScript 程序设计。本篇从 JavaScript 的核心思想“找到页面节点、操作页面节点”出发，层层展开，由浅入深，详细介绍了 JavaScript 的语法基础、函数、DOM、BOM、事件等常用技术。其中包括第 4 章 JavaScript 语法基础，第 5 章 JavaScript 对象模型，第 6 章 JavaScript 事件处理。

第三篇 HTML5 和 CSS3 开发基础与应用。本篇详细剖析 HTML5 的新特性和新增元素，同时介绍了 CSS3 新特性，并分析了 CSS3 中新增的选择器、新的布局、盒模型、文本效果、边框效果、渐变效果、变形效果、动画效果等，完成 Web 开发中常见的样式。其中包括第 7 章 HTML5 简介，第 8 章 HTML5 常用元素和属性，第 9 章 HTML5 表单相关元素和属性，第 10 章 CSS 新增选择器，第 11 章 CSS3 新增属性。

第四篇轻量级框架应用。本篇主要包括 jQuery 的选择器、标签宽高操作、标签内容操作、标签属性操作、标签事件操作、标签样式操作、节点动态操作、标签动画效果、鼠标位置获取、AJAX 等内容。其中包括第 12 章 jQuery 基础，第 13 章 jQuery 效果，第 14 章 jQuery AJAX。

本教材主要有以下几方面特色。

1. 内容全面，由浅入深

本教材依据打造初级 Web 前端工程师规划学习路径，详细介绍了 Web 前端开发中涉及的四大前端技术的内容和技巧，并重点讲解了学习过程中难以理解和掌握的知识点，降低了读者的学习难度。

2. 理论和实践相结合

每章都配有一定数量的实用案例，同时在全面、系统介绍各章知识内容的基础上，还提供了可以整合综合知识的案例。通过各种案例将理论知识和实践结合起来。

3. 图文并茂

本教材的案例代码大部分都配有相应的运行结果图，效果直观，使读者可以获得感性认识，提高学习效率。

本教材的编写与审校工作由严洁萍、陈慕菁完成，董旭依据《Web 前端开发职业技能等级标准》对全书做了内容统筹、章节结构设计和统稿。

由于编者水平有限，书中难免存在不足之处，恳请广大读者不吝赐教并提出宝贵意见，相信读者的反馈将会为未来本教材的修订提供良好的帮助。

目　录

第一篇　Web 页面制作基础

第一篇

Web 页面制作基础

第 1 章 Web 简介

学习任务

【任务 1】了解 Web 的由来以及其与 Internet 之间的关系；

【任务 2】了解 Web 的相关概念，包括 WWW、Website、URL、Web Standard、Web Browser、Web Server。

学习路线

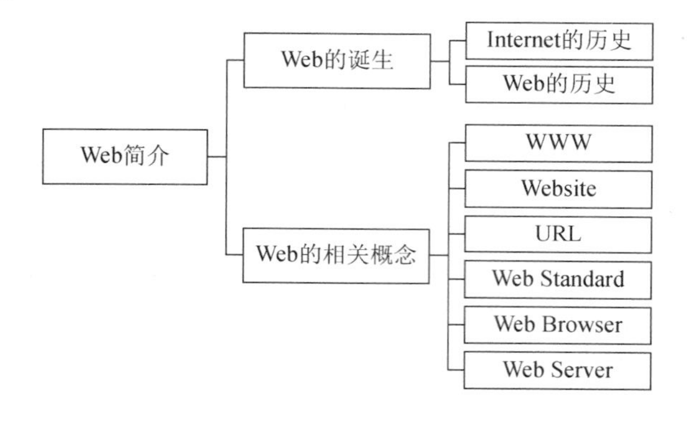

1.1 Web 的诞生

Internet，中文正式译名为因特网，又叫作国际互联网，是由所有使用公用语言互相通信的计算机连接而组成的全球网络。一旦连接到它的任意一个节点，就意味着计算机或者其他设备已经连入 Internet。目前，Internet 的用户已经遍及全球，截止到 2018 年，已经有超过 40 亿人在使用 Internet，并且它的用户数还在以等比级数上升。

Internet 的前身是美国国防部高级研究计划局（Advanced Research Projects Agency，

ARPA）主持研制的 ARPANET 网络，当时建立这个网络是为了将美国的几台军事和研究用的计算机主机连接起来。ARPANET 网络于 1969 年正式启用，但当时仅连接了 4 台计算机，供科学家们进行计算机联网实验使用。

1986 年美国国家科学基金会（National Science Foundation，NSF）在政府的资助下，用 TCP/IP 协议建立了 NSFNET 网络。NSFNET 网络于 1989 年改名为 Internet，且向公众开放。从此，Internet 便在全球各地普及起来。

目前，Internet 在人们的日常生活中，已经涉及方方面面，能帮助人们快速找到所需要的信息，空闲的时候可以依靠网络放松自我，可以发邮件或者聊天，可以网上购物，可以在网络上工作或者联系亲朋好友，甚至可以在网上交友，等等。

时至今日，Internet 常用的服务可以概括为以下几种。

- E-mail：电子邮件，具有速度快、成本低、方便灵活等优点，是目前 Internet 的重要服务项目之一。
- FTP：文件传输，用户通过该协议可以进行文件传输或者文件访问。由于安全问题，其使用场景也越来越少。
- BBS：电子公告，最早是用来公布股市价格等类信息的，现在的 BBS 已经发展成功能齐全的社区，可以实现信息公告、线上交谈、分类讨论、经验交流、文件共享等。
- WWW：World Wide Web，中文名为万维网，也被称为 Web，是 Internet 中发展最迅速的部分。
- Web 是 Internet 的一个应用。它的诞生也是极其富有戏剧性的。

1984 年，Tim Berners-Lee 进入由欧洲原子核研究会（CERN）建立的粒子实验室。他在这里接受了一项工作：为了使欧洲各国的核物理学家能通过计算机网络及时沟通传递信息进行合作研究，需要开发一个软件，以便使分布在各国物理实验室和研究所的最新信息、数据、图像资料供大家共享。接受这项任务的 Tim Berners-Lee 于 1989 年夏天，成功开发出世界上第一个 Web 服务器和第一个 Web 客户机。1989 年 12 月，Tim Berners-Lee 将他的发明正式命名为 World Wide Web，即 WWW。1991 年 8 月 6 日，Tim Berners-Lee 建立了世界上第一个网站，即 http://info.cern.ch/（该网站现在还运转如常）。该网站解释了 World Wide Web 是什么，以及如何使用网页浏览器和如何建立一个网页服务器等。此时，Web 正式诞生。

1994 年 10 月，Tim Berners-Lee 在麻省理工学院创立了 World Wide Web Consortium，中文名为万维网联盟，该联盟的简称为 W3C，是 Web 技术领域最具权威和影响力的国际中立性技术标准机构。

1.2　Web 的相关概念

1.2.1　WWW

WWW，World Wide Web 的缩写，也可写为 W3、Web，中文名为万维网。WWW 是

Internet 的最核心部分。它是 Internet 上那些支持 WWW 服务和 HTTP 协议的服务器集合。

WWW 在使用上分为 Web 客户端和 Web 服务器。用户可以使用 Web 客户端（多用网络浏览器）访问 Web 服务器上的页面。

1.2.2 Website

Website，中文名为网站，是指在 Internet 上根据一定的规则，使用 HTML 等工具制作的用于展示特定内容相关网页的集合。人们可以通过网站发布自己想要公开的资讯，或者利用网站提供相关的网络服务。

1.2.3 URL

URL，Uniform Resource Locator 的缩写，中文名为统一资源定位符，俗称网址，它是对可以从互联网上得到的资源的位置和访问方法的一种简洁的表示，是互联网上标准资源的地址。在 WWW 上浏览或者查询信息，必须在网页浏览器上输入查询目标的地址。

URL 的一般格式如下：

协议://主机地址（IP 地址）+目录路径+参数

目前，常见的协议有以下几种。

ftp：File Transfer Protocol，文件传输协议，可以通过 FTP 访问服务器上的文件。通常使用时在主机地址前面加上“用户名:密码@”，示例 URL：ftp://admin:123456@116.111.2.235/HTML.pdf。

file：主要用于访问本地计算机中的文件。示例 URL：file:///C:/Windows/system/win32.dll。

telent：允许用户通过一个协商过程与一个远程设备进行通信。

http：Hyper Text Transfer Protocol，超文本传输协议，是用于从万维网服务器传输超文本到本地浏览器的传输协议。

例如：

http://www.baidu.com

http://192.168.0.1

https://www.baidu.com/s?ie=UTF-8&wd=HTML

URL 的参数通常放在 URL 后面，用“?”开头，用“&”将多个参数拼接起来。例如，https://www.baidu.com/s?ie=UTF-8&wd=HTML 中“?”后面的“ie=UTF-8&wd=HTML”是参数。

URL 只能用 ASCII 字符集通过因特网进行发送，如果包含非 ASCII 字符集的字符，则需要进行转换。例如，“中国”会转成“%D6%D0%B9%FA”，“HTML 文档”会转成“HTML%CE%C4%B5%B5”。URL 不能包含空格。URL 编码通常使用“+”替换空格，如

“hello world”会转换成“hello+world”，“他 说”会转换成“%CB%FB+%CB%B5”。

1.2.4 Web标准

Web应用开发需要遵循的标准就是Web Standard（Web标准），这里Web标准是一系列标准的集合。网页主要由三部分组成：结构标准（XML、HTML和XHTML），表现标准（CSS），行为标准（DOM、JavaScript）。

1.2.5 Web浏览器

Web浏览器，简称浏览器，是一个显示网页服务器或者档案系统内的HTML文件，并让用户与这些文件互动的软件。第一个网页浏览器就是Tim Berners-Lee编写的World Wide Web，后改名为Nexus。主流浏览器的发展历史如下表所示。

年份	所属人/组织	浏览器名称	现　状
1991	Tim Berners-Lee	World Wide Web，后改名为Nexus	成为libwww库
1993	美国伊利诺伊大学国家超级计算机应用中心	Mosaic	技术出售，诞生Netscape
1994	Netscape Communications Corporation	Netscape	和IE竞争失败，正式退出历史舞台
1996	Microsoft	Internet Explorer，简称IE	2016年1月12日停止维护，由于历史原因，依然留存
1996	Telenor（挪威电信）	Opera	现存
2003	Apple	Safari	现存
2004	Mozilla组织	Firefox	现存
2008	Google	Google Chrome	现存
2015	Microsoft	Microsoft Edge	现存

现存主流浏览器的内核情况如下表所示。

浏览器名称	内　核
IE	Trident（IE内核）
Opera	Presto，2013年换成Blink（Chromium）
Safari	Webkit
Firefox	Gecko
Google Chrome	之前是Webkit，2013年换成Blink
Microsoft Edge	EdgeHTML，2018年12月宣布换成Blink

1.2.6 Web服务器

Web服务器的主要功能是提供网上信息浏览服务。Web服务器可以解析HTTP协议，当Web服务器接收到一个HTTP请求时，会返回一个HTTP响应，这样客户端就可以从服务器上获取网页（HTML），包括CSS、JS、音频、视频等资源。

1.3 Web 开发

目前，Web 开发主要分为前端和后端两部分。前端指的是直接与用户接触的网页，网页上通常有 HTML、CSS、JavaScript 等内容；后端指的是程序、数据库和服务器层面的开发。

1.4 本章小结

本章简单介绍了 Internet 的历史和 Web 的诞生，重点介绍了 Web 的相关概念，包括 WWW、Website、URL、Web 标准、Web 浏览器、Web 服务器。同时，明确了 Web 前端开发需要掌握的内容，包括 HTML、CSS、JavaScript。

第2章 HTML基础

学习任务

【任务1】了解HTML的历史；

【任务2】精通HTML的结构；

【任务3】精通HTML的元素和属性。

学习路线

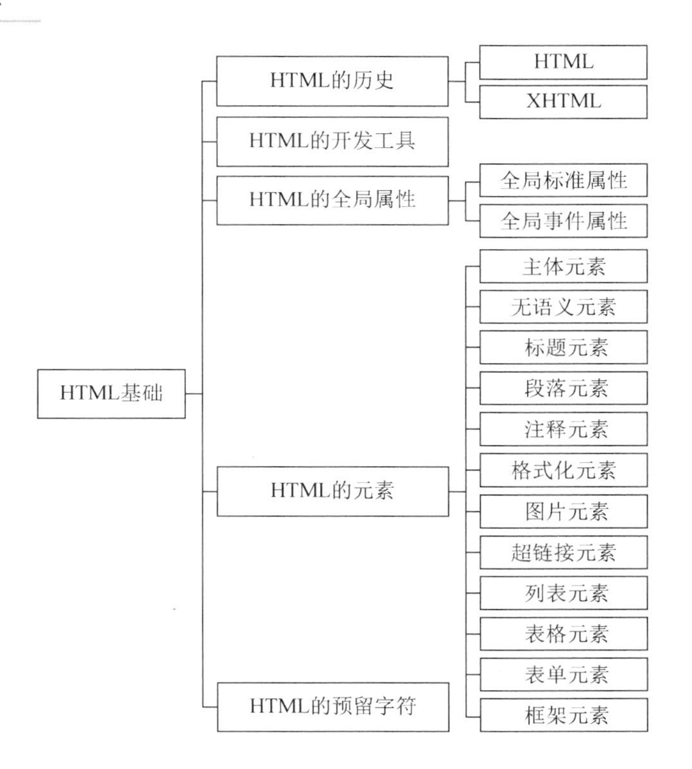

虽然 HTML 现在已经到了 HTML5 版本，但本章主要是围绕 HTML 4.01 和部分 XHTML 1.0 展开的。这是因为目前浏览器对 HTML5 支持的问题，现在网页的开发，80%左右的用户使用的还是 HTML4 已有部分，甚至某些前端开发会遇到不使用 HTML5 的极端情况。正是基于这种情况，HTML4 可以称为 HTML 基础，掌握它是前端开发所必需的。

2.1 HTML 概述

语言是人类最重要的交际工具，是人们进行沟通的主要表达方式。人们借助语言保存和传递人类文明的成果。

同样，计算机虽然是 0 和 1 的世界，人们将计算机中 0 和 1 组成的语言称为机器语言，但这种机器语言晦涩难懂。在机器语言的基础上，人们逐步研发出汇编语言、高级语言、脚本语言、标记语言等，HTML 是标记语言的一种。

2.1.1 标记语言

标记语言，是一种将文本（Text）以及与文本相关的其他信息结合起来，展现出关于文档结构和数据处理细节的电脑文字编码。

标记语言的种类有很多，常见的有 XML、HTML、XHTML 等。

2.1.2 从 HTML 到 XHTML

HTML，超文本标记语言（HyperText Markup Language，HTML），是为“网页创建和其他可在网页浏览器中看到的信息”设计的一种标记语言。人们可以使用 HTML 建立自己的 Web 站点。HTML 文档在浏览器上运行，并由浏览器解析。

- HTML（第 1 版）：1993 年 6 月作为互联网工程工作小组（IETF）工作草案发布，这个版本没有标准版本，主要是因为当时有很多版本的 HTML，没有形成一个统一的标准，所以没有正式的 HTML 1.0。
- HTML 2.0：1995 年 11 月作为 RFC 1866 发布。
- HTML 3.2：1997 年 1 月 14 日，W3C 推荐标准，这是第一个被广泛使用的标准。由于该版本年代较早，很多东西都已经过时，在 2018 年 3 月 15 日被取消作为标准。官方文档地址为 https://www.w3.org/TR/2018/SPSD-html32-20180315/。
- HTML 4.0：1997 年 12 月 18 日，W3C 推荐标准。
- HTML 4.01：1999 年 12 月 24 日，W3C 推荐标准，这也是另一个被广泛使用的标准。官方文档地址为 https://www.w3.org/TR/1999/REC-html401-19991224/。
- XHTML 1.0：2000 年 1 月 26 日，W3C 推荐标准。官方文档地址为 https://www.w3.org/TR/2000/REC-xhtml1-20000126/。

XHTML，可扩展超文本标记语言（eXtensible HyperText Markup Language，XHTML），

是一种更纯洁、更严格、更规范的 HTML 代码。

2.1.3　HTML 的基本结构

HTML 文件由文件头（head）和文件体（body）两部分组成，在这两部分外面还要加上标签<html></html>说明此文件是 HTML 文件，这样浏览器才能正确识别 HTML 文件。HTML 的基本结构如下：

```
<!DOCTYPE HTML PUBLIC "-//W3C//DTD HTML 4.01//EN" "http://www.w3.org/TR/
html4/ strict.dtd">
<html>
    <head>
        <title>标题</title>
    </head>
    <body>
        文档主体
    </body>
</html>
```

将这段文字输入任意文本编辑器中，注意不要使用 Windows 的写字板程序，或者 Microsoft Office Word、WPS 等多功能文字处理软件。输入完成后保存，保存时，将文本保存类型设为“*.*”，文件名随意，但它的后缀名一定是 html 或者 htm。将该文件用浏览器打开即可看到下图。

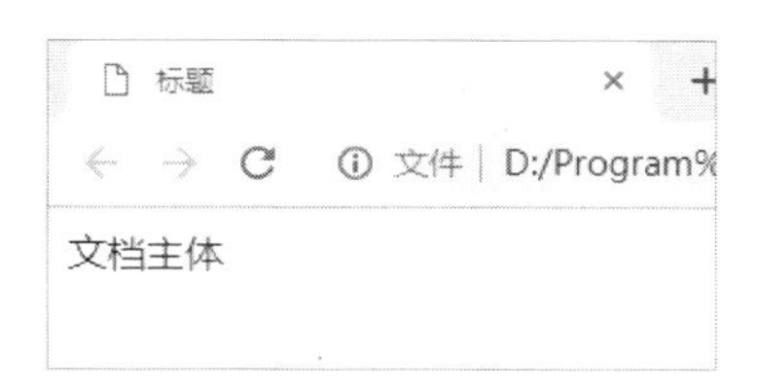

在 HTML 的基本结构中，可以看到用“<”和“>”括起来的单词，这个通常叫作元素，元素常见的格式如下。

- 双标签：双标签由开始标签和结束标签两部分构成，必须成对使用，如<div>和</div>。
- 单标签：某些标签单独使用就可以完整地表达意思，这种标签就叫作单标签，如换行标签
。值得注意的是，在 HTML 中，单标签没有结束标签，换行标签写作
，但在 XHTML 中，单标签必须被正确地关闭，换行标签需要写作
。根据标记语言都要正确关闭这一项原则，或许在不远的将来，这种单标签都会要求必须关闭，所以，使用
是更长远的保障。
- 在基本结构中可以看到一个特殊的标签，即<!DOCTYPE>，这个标签必须位于 HTML 的第一行，且位于<html>标签之前，用于声明文档类型，以及描述该文档可以使用的标签和属性，写法是固定的。值得注意的是，XTHML 的<!DOCTYPE>和 HTML 有稍许不同，但也大同小异。下表汇总了 HTML 4.01 和 XHTML1.0 所有的 DTD。

HTML 4.01	严格模式	<!DOCTYPE HTML PUBLIC "-//W3C//DTD HTML 4.01//EN" "http://www. w3.org/TR/html4/strict.dtd">
	过渡模式	<!DOCTYPE HTML PUBLIC "-//W3C//DTD HTML 4.01 Transitional//EN" "http://www.w3.org/TR/html4/loose.dtd">
	框架集	<!DOCTYPE HTML PUBLIC "-//W3C//DTD HTML 4.01 Frameset//EN" "http:// www.w3.org/TR/html4/frameset.dtd">
XHTML 1.0	严格模式	<!DOCTYPE html PUBLIC "-//W3C//DTD XHTML 1.0 Strict//EN" "http:// www.w3.org/TR/xhtml1/DTD/xhtml1-strict.dtd">
	过渡模式	<!DOCTYPE html PUBLIC "-//W3C//DTD XHTML 1.0 Transitional//EN""http://www.w3.org/TR/xhtml1/DTD/xhtml1-transitional.dtd">
	框架集	<!DOCTYPE html PUBLIC "-//W3C//DTD XHTML 1.0 Frameset//EN" "http:// www.w3.org/TR/xhtml1/DTD/xhtml1-frameset.dtd">

- 大部分标签都可以在标签内包含一些属性，且各属性无先后顺序，属性也可以省略，省略即取默认值。例如，<title id="title">标题</title>。

2.1.4 HTML 的相关基本定义

- 标签：前面已经介绍过，用“<”和“>”括起来的叫作标签，如<p>、</p>、
等，目前 HTML 标签不区分大小写，但根据 W3C 建议，最好用小写，这一点如同前面讲到的
和
的区别，使用小写才是最长远的保障。
- 元素：一对标签包含的所有代码，元素的内容是开始标签与结束标签之间的内容，大体结构如下表所示。

开 始 标 签	元 素 内 容	结 束 标 签
<div class="main">	这里是元素内容	</div>

- 属性：HTML 标签可以拥有属性。属性提供了有关 HTML 元素更多的信息。属性总是在开始标签中规定，并且属性总是以名称/值对的形式出现，如 name="value"。其中，属性值应该始终被包括在引号内，通常使用双引号。

2.1.5 HTML 的常用开发工具

正所谓“工欲善其事，必先利其器”，对 HTML5 开发人员来说，好工具的使用总会为人们带来事半功倍的效果。所以，找到适合自己的开发工具是至关重要的。下面列举了几个常见的 HTML5 开发工具。

- https://notepad-plus-plus.org/。

NotePad++是一款文本编辑器，软件小巧、高效，且支持多种编程语言，如 C、C++、Java、C#、XML、HTML、PHP、JavaScript 等。

- https://code.visualstudio.com/。

Visual Studio Code，是针对编写现代 Web 和云应用的跨平台源代码编辑器。

- http://www.sublimetext.com/。

Sublime Text 是一个轻量级的编辑器，支持各种编程语言。

- https://www.jetbrains.com/webstorm/。

WebStorm 是 JetBrains 公司旗下的一款 JavaScript 开发工具，现常用于开发 HTML5。

- https://atom.io/。

Atom 是 GitHub 专门为程序员推出的一个跨平台文本编辑器。

- http://www.dcloud.io/。

HBuilder 是一款国产的前端开发工具。

2.2　HTML 的全局属性

2.2.1　HTML 的全局标准属性

全局标准属性适用于大多数元素。在 HTML 规范中，规定了 8 个全局标准属性。

- class：用于定义元素的类名。通常用于指向 CSS 样式表中的类，偶尔会通过 JavaScript 改变所有具有指定 class 的元素。需要注意的是，class 属性通常用在<body>元素内部，换句话说，class 属性不能在以下元素中使用：<base>、<head>、<html>、<meta>、<param>、<script>、<style>、<title>。
- id：用于指定元素的唯一 id。需要注意的是，该属性的值在整个 HTML 文档中要具有唯一性，该属性的主要作用是可以通过 JavaScript 和 CSS 为指定的 id 改变或者添加样式、动作等。
- style：用于指定元素的行内样式。使用该属性后将会覆盖任何全局的样式设定，如<style>元素定义的样式，或者父元素定义的样式。
- title：用于指定元素的额外信息。通常会在鼠标移到元素上时显示定义的提示文本。
- accesskey：用于指定激活某个元素的快捷键。支持 accesskey 属性的元素有<a>、<area>、<button>、<input>、<label>、<legend>、<textarea>。
- tabindex：用于指定元素在 Tab 键下的次序。支持 tabindex 属性的元素有<a>、<area>、<button>、<input>、<object>、<select>、<textarea>。
- dir：用于指定元素中内容的文本方向。dir 的属性值只有 ltr 和 rtl 两种，含义分别是 left to right 和 right to left。该属性对大部分有文本内容的元素生效，不生效的元素有<base>、
、<frame>、<frameset>、<hr>、<iframe>、<param>、<script>。
- lang：用于指定元素内容的语言。由于涉及元素内容的语言，自然与 dir 属性一样，对大部分有文本内容的元素生效，不生效的元素有<base>、
、<frame>、<frameset>、<hr>、<iframe>、<param>、<script>。

2.2.2 HTML 的全局事件属性

事件是针对某个控件或者元素而言的，且可以识别的操作。例如，针对按钮，有单击或者按下事件；针对勾选框，有选中事件和取消选中事件，或者称为选中状态改变事件；针对文本框，有获取输入焦点事件、文本变化事件等。

HTML4 的新特性之一是可以使 HTML 事件触发浏览器中的行为，如当用户单击某个 HTML 元素时启动一段 JavaScript 程序。在 HTML 中，事件既可以通过 JavaScript 直接触发，也可以通过全局事件属性触发，全局事件大致可以分成以下几类。

- Window 窗口事件。
  - onload：在页面加载结束之后触发。
  - onunload：在用户从页面离开时触发，如单击跳转、页面重载、关闭浏览器窗口等。
- Form 表单事件。
  - onblur：当元素失去焦点时触发。
  - onchange：在元素的元素值被改变时触发。
  - onfocus：当元素获得焦点时触发。
  - onreset：当表单中的重置按钮被单击时触发。
  - onselect：在元素中文本被选中后触发。
  - onsubmit：在提交表单时触发。
- Keyboard 键盘事件。
  - onkeydown：在用户按下按键时触发。
  - onkeypress：在用户按下按键后，按着按键时触发。该属性不会对所有按键生效，不生效的有 Alt 键、Ctrl 键、Shift 键、Esc 键。
  - onkeyup：当用户释放按键时触发。
- Mouse 鼠标事件。
  - onclick：当在元素上单击鼠标时触发。
  - ondblclick：当在元素上双击鼠标时触发。
  - onmousedown：当在元素上按下鼠标按钮时触发。
  - onmousemove：当鼠标指针移动到元素上时触发。
  - onmouseout：当鼠标指针移出元素时触发。
  - onmouseover：当鼠标指针移动到元素上时触发。
  - onmouseup：当在元素上释放鼠标按钮时触发。
- Media 媒体事件。
  - onabort：当退出媒体播放器时触发。
  - onwaiting：当媒体已停止播放但打算继续播放时触发。

```
示例代码：
<!DOCTYPE HTML PUBLIC "-//W3C//DTD HTML 4.01//EN" "http://www.w3.org/
TR/html4/strict.dtd">
```

```
<html>
    <head>
        <meta http-equiv="content-type" content="text/html; charset=utf-8">
        <title>事件</title>
    </head>
    <body>
        输入文本框:<input type="text" id="source"><br />
        <button onclick="document.getElementById('target').value=document.
getElementById('source').value;" />单击将复制文本到目标框</button><br />
        目标文本框:<input type="text" id="target" /><br>
    </body>
</html>
```

运行结果如下图所示。

2.3 HTML 的元素

2.3.1 HTML 的主体元素

一个完整的 HTML 文档必须有它的主体元素，前面已经给出了一个基本结构的例子，但它不是一个完整的 HTML 文档，将上面的例子在 IE 中运行，运行结果如下图所示。

运行后出现乱码，这也说明它不是一个完整的 HTML 文档。

一个最简洁的 HTML 文档应该如下：

```
<!DOCTYPE HTML PUBLIC "-//W3C//DTD HTML 4.01//EN" "http://www.w3.org/TR/
html4/strict.dtd">
<html>
    <head>
```

```
        <meta http-equiv="content-type" content="text/html; charset=utf-8">
        <title>标题</title>
    </head>
    <body>
        文档主体
    </body>
</html>
```

IE 中运行结果正常，如下图所示。

一个完整的 HTML 文档大体包含以下标签。

- <!DOCTYPE>：声明文档类型。
- <html>：HTML 元素真正的根元素。
- <head>：定义 HTML 文档的文档头。<head>可以包含如下元素。
  - ➢ <title>：定义 HTML 文档的标题，可以用的属性有 dir、lang。
  - ➢ <base>：为页面上的所有链接规定默认地址或者默认目标（target）。
  - ➢ <link>：定义文档与外部资源之间的关系，常用于链接 CSS 样式表。
  - ➢ <meta>：提供关于 HTML 的元数据，不会显示在页面，一般用于向浏览器传递信息或者命令，作为搜索引擎，或者用于其他 Web 服务。
  - ➢ <style>：用于为 HTML 文档定义样式信息。
  - ➢ <script>：用于定义客户端脚本，如 JavaScript。
- <body>：定义 HTML 文档的文档体。

一个<head>元素可以包含多个<meta>元素。<meta>元素共有两个属性，分别是 name 属性和 http-equiv 属性。

name 属性主要用于描述网页，如网页的关键词、叙述等。与之对应的属性值为 content，content 中的内容是对 name 填入类型的具体描述，通常用于搜索引擎抓取。<meta>标签中 name 属性的语法格式如下：

```
<meta name="参数" content="具体的描述">
```

其中，name 属性共有以下几种参数。

- ➢ keywords，用于告诉搜索引擎该网页的关键字。

  <meta name="keywords" content="香蕉,苹果">
- ➢ description，用于告诉搜索引擎该网页的主要内容。

  <meta name="description" content="水果百科,获取水果信息的信息库">

- robots，用于告诉搜索引擎网页是否需要索引。content 的 6 个参数如下。

  all：默认参数，搜索引擎将索引此网页与继续通过此网页的链接索引，等价于 index、follow。

  none：搜索引擎将忽略此网页，等价于 noindex、nofollow。

  index：搜索引擎索引此网页。

  noindex：搜索引擎不索引此网页。

  follow：搜索引擎继续通过此网页的链接索引搜索其他的网页。

  nofollow：搜索引擎不继续通过此网页的链接索引搜索其他的网页。

  <meta name="robots" content="index,follow">
- author，用于标注该网页作者，通常后面也会有邮箱。

  <meta name="author" content="WangWu,someone@example.com">
- generator，用于标注该网页是什么软件编写的。

  <meta name="generator" content="Notepad++">
- copyright，用于标注版权信息。

  <meta name="copyright" content="Lxxyx">
- revisit-after，如果页面不是经常更新，为了减轻搜索引擎爬虫为服务器带来的压力，可以设置一个爬虫的重访时间。如果重访时间过短，爬虫将按它们定义的默认时间访问。

  <meta name="revisit-after" content="10 days" >

http-equiv 属性相当于 http 的文件头作用，equiv 是 equivalent 的缩写。它可以向浏览器定义一些有用的信息，以帮助正确和精确地显示网页内容，与之对应的属性值为 content，content 中的内容是对 http-equiv 填入类型的具体描述，meta 标签中 http-equiv 属性的语法格式如下：

<meta http-equiv="参数" content="具体的描述">

其中，http-equiv 属性主要有以下几种参数。

- content-Type，用于设定网页字符集，便于浏览器解析与渲染页面，其中字符集可以更换，但如果国际通用，则尽量用 utf-8。

  <meta http-equiv="content-Type" content="text/html; charset=utf-8">
- cache-control，用于告知浏览器如何缓存某个响应及缓存多长时间。它的参数有如下几种。

  no-cache：先发送请求，与服务器确认该资源是否被更改，如果未被更改，则使用缓存。

  no-store：不允许缓存，每次都要去服务器上下载完整的响应。

  public：缓存所有响应，但并不是必需的，因为 max-age 也可以达到相同的效果。

  private：只为单个用户缓存，因此不允许任何中继进行缓存。

  max-age：表示当前请求开始，相应响应在多久内能被缓存和重用，而不去服务器重新请求。例如，max-age=60 表示响应可以再缓存和重用 60 秒。

<meta http-equiv="cache-control" content="no-cache">

- expires，用于设定网页的到期时间，过期后必须到服务器上重新传输。

  <meta http-equiv="expires" content="Sunday 26 October 2016 01:00 GMT" />

- refresh，网页将在设定的时间内，自动刷新并转向设定的网址。

  <meta http-equiv="refresh" content="5; URL=http://www.baidu.com/">
  这句话的意思是 5 秒后转向 http://www.baidu.com/网页。

- Set-Cookie，用于设置网页过期。那么这个网页存在本地的 cookies 也会被自动删除，这里需要注意的是，必须使用 GMT 的时间格式。

  <meta http-equiv="Set-Cookie" content="cookievalue=tokenID; path=/; expires=Monday, 31-Dec-18 10:00:00 GMT">

2.3.2 HTML 的无语义元素

HTML 中每个标签都有自己的语义。例如，<body>表示主体，<head>表示 HTML 文件信息头，<h1>表示一级标题。但也有两个无语义的标签，如<span>和<div>。<span>和<div>的不同之处在于：<span>是内联标签，用在一行文本中，前后衔接紧密；而<div>是块级标签，它等同于其前后有换行。

```
示例代码：
<!DOCTYPE HTML PUBLIC "-//W3C//DTD HTML 4.01//EN" "http://www.w3.org/TR/html4/strict.dtd">
<html>
    <head>
        <meta http-equiv="content-type" content="text/html; charset=utf-8">
        <title>无语义标签</title>
        <style type="text/css">
            .dfn{
                color: red;
            }
        </style>
    </head>
    <body>
        <div>
            牛顿三大定律
            <div>
                <span class="dfn"><dfn>牛顿第一运动定律</dfn></span>：一切物体总保持匀速直线运动状态或静止状态，除非作用在它上面的力迫使它改变这种状态。
            </div>
            <div>
                <span class="dfn"><dfn>牛顿第二运动定律</dfn></span>：物体加速度的大小跟它受到的作用力成正比、跟它的质量成反比，加速度的方向跟作用力的方向相同。
            </div>
            <div>
```

```
            <span class="dfn"><dfn>牛顿第三运动定律</dfn></span>: 两个物体之
间的作用力和反作用力总是大小相等，方向相反，作用在同一条直线上。
          </div>
        </div>
    </body>
</html>
```

运行结果如下图所示。

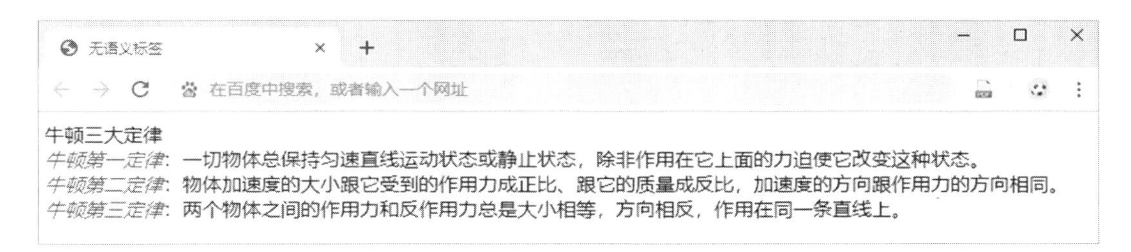

HTML 常用<div>标签划分节或者区域，它可以用作严格的组织工具，并且不使用任何格式与其关联。

现在有很多网页的布局方式可以叫作 DIV+CSS。DIV 用于存放需要显示的数据（文字、图表等），CSS 用于指定如何显示数据样式，从而做到结构与样式的相互分离，便于后期维护与改版。这种布局代码简单，且易于维护。

```
示例代码：
<!DOCTYPE HTML PUBLIC "-//W3C//DTD HTML 4.01//EN" "http://www.w3.org/TR/
html4/strict.dtd">
<html>
    <head>
        <meta http-equiv="content-type" content="text/html; charset=utf-8">
        <title>DIV+CSS 布局</title>
        <style>
            #header {
                background-color: black;
                color: white;
                text-align: center;
                padding: 5px;
            }
            #nav {
                line-height: 30px;
                background-color: #eeeeee;
                height: 300px;
                width: 100px;
                float: left;
                padding: 5px;
            }
            #section {
                width: 500px;
```

```
            float: left;
            padding: 10px;
        }
        #footer {
            background-color: black;
            color: white;
            clear: both;
            text-align: center;
            padding: 5px;
        }
    </style>
</head>
<body>
    <div id="header">
        <h1>首页</h1>
    </div>
    <div id="nav">HTML<br>CSS<br>JavaScript<br></div>
    <div id="section">
        <h2>HTML</h2>
        <p>HTML，超文本标记语言（HyperText Markup Language，简称 HTML），是为
"网页创建和其他可在网页浏览器中看到的信息"设计的一种标记语言。</p>
        <p>人们可以使用 HTML 来建立自己的 Web 站点，HTML 文档运行在浏览器上，由
浏览器来解析。</p>
    </div>
    <div id="footer">Author: 王五 E-mail: someone@example.com</div>
</body>
</html>
```

运行结果如下图所示。

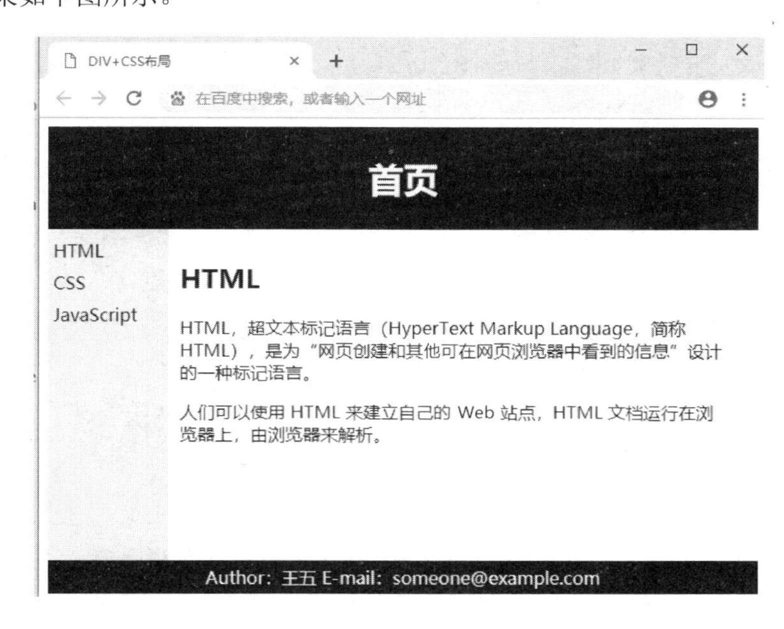

2.3.3　HTML 的标题元素

<h1>～<h6>标签可定义标题。其中，<h1>定义最大的标题，<h6>定义最小的标题。由于<h>元素拥有确切的语义，因此在开发过程中需要选择恰当的标签层级构建文档的结构。通常，<h1>用于最顶层的标题；<h2>、<h3>和<h4>用于较低的层级；<h5>和<h6>由于文档层级关系，使用频率比较低。该标签支持全局标准属性和全局事件属性。

在实际构建文档结构过程中，可能还会用到<hr>标签，该标签是 horizontal rule 的缩写，使用该标签会在浏览器中创建一条水平线，可以在视觉上将文档分隔成多个部分。

```
示例代码：
<!DOCTYPE HTML PUBLIC "-//W3C//DTD HTML 4.01//EN" "http://www.w3.org/TR/html4/strict.dtd">
<html>
    <head>
        <meta http-equiv="content-type" content="text/html; charset=utf-8">
        <title>标题</title>
    </head>
    <body>
        <h1>Web 前端开发</h1>
        <h2>HTML 基础</h2>
        <h3>HTML 元素</h3>
        <h4>HTML 的主体元素</h4>
        <h4>HTML 的标题元素</h4>
        <h3>HTML 属性</h3>
        <hr />
        <h2>CSS 基础</h2>
        <hr />
        <h2>JavaScript 基础</h2>
    </body>
</html>
```

运行结果如下图所示。

2.3.4 HTML 的段落元素

<p>标签用于定义段落，浏览器会自动在其前后创建一些空白。段落的行数需要依赖浏览器窗口的大小。如果调节浏览器窗口的大小，将改变段落中的行数，而且如果段落元素的内容中连续出现了很多空格，或者连续出现了一个以上的换行，浏览器都将解读为一个空格。该标签支持全局标准属性和全局事件属性。

标签定义一个换行，通常在<p>标签内。若要正常地换行，就用到了
标签，需要注意的是，
标签不是用于分割段落的。

```
示例代码：
<!DOCTYPE HTML PUBLIC "-//W3C//DTD HTML 4.01//EN" "http://www.w3.org/TR/html4/strict.dtd">
<html>
    <head>
        <meta http-equiv="content-type" content="text/html; charset=utf-8">
        <title>段落</title>
    </head>
    <body>
        <p>兄弟，你真是经天纬地之才，气吞山河之志，上知天文下知地理，通晓古今，学贯中西，超凡脱俗之人！文能提笔安天下，武能上马定乾坤，美貌与智慧并重，英雄和狭义的化身，玉树临风胜潘安，一朵梨花压海棠，人见人爱，车见车载</p>
        <p>
燕雀      安知



鸿鹄之 志
哉
        </p>
        <p>以上内容纯属编造，<br />若有雷同，纯属巧合</p>
    </body>
</html>
```

运行结果如下图所示。

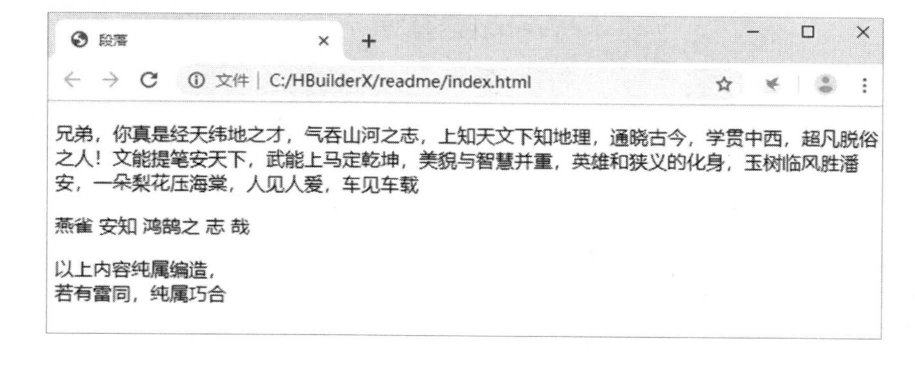

2.3.5 HTML 的注释元素

<!-- --> 用于在 HTML 中插入注释，它的开始标签为<!--，结束标签为-->，开始标签和结束标签不一定在一行，也就是说，可以写多行注释。浏览器不会显示注释，但作为一个开发者，经常要在一些代码旁做一些注释，这样做的好处很多。例如，方便项目组中的其他程序员了解代码，同时可以方便以后程序员对自己代码的理解与修改，等等。

```
示例代码：
<!DOCTYPE HTML PUBLIC "-//W3C//DTD HTML 4.01//EN" "http://www.w3.org/TR/
html4/strict.dtd">
<html>
    <head>
        <meta http-equiv="content-type" content="text/html; charset=utf-8">
        <title>注释</title>
    </head>
    <body>
        <!--
    这里是注释，不会显示在浏览器页面中
    !##%. ;##$'%#######&:!###$`:&##@::@#&'
    !#########$`  `$##:   !#########@;:@#&'
    !#########$`  `$##:   !##$$##$&#@;:@#&'
    !##%. ;##$`  `$##:   !##|.;:`$#@;:@######!
    .::'  .::'    '::.   `::`    '::..'::::::.
 :|||||||||||||||||||||||||!!!!!!!!!!!!!!!!!!!!!!|||||:`
 '||||||||||||||||||||||||!!!!!!!!!!!!!!!!!!!!!!!!!||||:.
 `!||||||||||||||||||||||||!!!!!!!!!!!!!!!!!!!!!!!!||||'
 `;|||||||||||||||||||||||||!!!!!!!!!!!!!!!!!!!!!!!|||!`
 .;||||||!'                                `;!!!!||;`
  :|||||||:                                `!!!!|||;.
  :|||||||:.                               '!!!!|||:
  '|||||||;.     :||||||!!!!!!!!!!!!!!!!!!!!!!!!|||'
  `!||||||;`     '||||||!!!!!!!!!!!!!!!!!!!!!!!!||!'
  .;||||||!'     '!||||||!!!!!!!!!!!!!!!!!!!!!!!||!`
   :|||||||'                              `;!!!|||;.
   :|||||||:                              '!!!!|||:.
   '|||||||:.                             '!!!!|||:
   '!|||||||!!!!!!!!!!!!!!!!!!!!!!'       :!!!!|||'
   `!|||||||!!!!!!!||||||!!!!!!!!!'      .:!!!!||!`
   .;||||||!'     `!|||||!!!!!!!!`      `;!!!!||;.
   .:|||||||'     `;|||||!!!!!!!;.      `!!!!|||;.
    '|||||||:.     `:!||||!!!!!;'.      '!!!!|||:
    '|||||||;.                         '!!!!|||'
    `!||||||;`                         :!!!!|||'
    `;||||||||||!;'.                 `:;!!!!!!!!!||!`
    .;|||||||||||||||||!;'':!!!!!!!!!!!!!!!!!!||;.
     :||||||||||||||||||||!!!!!!!!!!!!!!!!!!!!|||:
     '||||||||||||||||||||!!!!!!!!!!!!||||||||||:
       `:!||||||||||||||||!!!!!||||||||||!;;!!:`
```

```
          `:!|||||||||||||||||||!:`
                 .';||||!'.
      -->
   </body>
</html>
```

2.3.6 HTML 的格式化元素

- 普通文本。
  - <b>：定义粗体文本。
  - <big>：定义大号字。
  - <em>：定义着重文字。
  - <i>：定义斜体字。
  - <small>：定义小号字。
  - <strong>：定义加重语气。
  - <sub>：定义下标字。
  - <sup>：定义上标字。
  - <ins>：定义插入字。
  - <del>：定义删除字。
- 计算机输出。
  - <code>：定义计算机代码。
  - <kbd>：定义键盘输出样式。
  - <samp>：定义计算机代码样本。
  - <tt>：定义打字机输入样式。
  - <var>：定义变量。
  - <pre>：定义预格式文本。与<p>标签不同的是，<pre>标签被包围在 pre 元素中的文本通常会保留空格和换行符。
- 引用、术语。
  - <abbr>：定义缩写。使用 title 属性，这样就能够在鼠标指针移动到该元素上时显示缩写的完整版本。
  - <acronym>：定义首字母缩写，在某种程度上与<abbr>相同，也是使用 title 属性，这样就能够在鼠标指针移动到该元素上时显示缩写的完整版本。
  - <address>：定义地址。
  - <bdo>：定义文字方向。使用 dir 属性，用于表示文字方向，属性值为 ltr 或者 rtl。
  - <blockquote>：定义长的引用，浏览器通常会从周围内容中分离出来，前后加上一定宽度的缩进。
  - <q>：定义短的引用语，浏览器通常用双引号将<q>元素的内容括起来。
  - <cite>：定义引用、引证，通常用于著作等。
  - <dfn>：定义一个概念、项目、缩写、定义等。

示例代码：

```
<!DOCTYPE HTML PUBLIC "-//W3C//DTD HTML 4.01//EN" "http://www.w3.org/TR/
html4/strict.dtd">
<html>
    <head>
        <meta http-equiv="content-type" content="text/html; charset=utf-8">
        <title>格式化</title>
    </head>
    <body>
        <h1>普通文本格式化</h1>
        粗体文本:<b>网页</b> 是什么? <br />
        大号字:<big>网页</big> 是什么? <br />
        着重文字:<em>网页</em> 是什么? <br />
        斜体字:<i>网页</i> 是什么? <br />
        小号字:<small>网页</small> 是什么? <br />
        加重语气:<strong>网页</strong> 是什么? <br />
        下标字:<sub>网页</sub> 是什么? <br />
        上标字:<sup>网页</sup> 是什么? <br />
        插入字:<ins>网页</ins> 是什么? <br />
        删除字:<del>网页</del> 是什么? <br />
        <h1>计算机输出格式化</h1>
        普通文本: <p>
            public class HTMLUtils {
              private static final VERSION = 5.0;
            }
        </p>
        计算机代码文本:<br />
        <code>
            public class HTMLUtils {
              private static final VERSION = 5.0;
            }
        </code> <br />
        键盘文本:<br />
        <kbd>
            public class HTMLUtils {
              private static final VERSION = 5.0;
            }
        </kbd> <br />
        计算机代码样本:<br />
        <samp>
            public class HTMLUtils {
              private static final VERSION = 5.0;
            }
        </samp> <br />
        打字机样式文本:<br />
        <tt>
            public class HTMLUtils {
              private static final VERSION = 5.0;
```

```
            }
        </tt> <br />
        变量:<var>int x = 10; </var><br />
        预格式文本:
        <pre>
燕雀        安知



鸿鹄之 志
哉
        </pre><br />
    </body>
</html>
```

运行结果如下图所示。

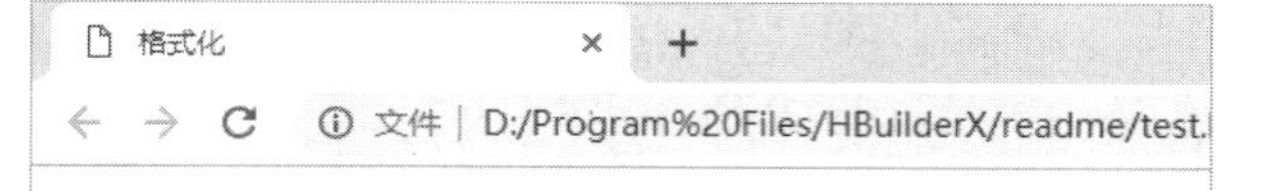

示例代码：

```
<!DOCTYPE HTML PUBLIC "-//W3C//DTD HTML 4.01//EN" "http://www.w3.org/TR/html4/strict.dtd">
<html>
    <head>
        <meta http-equiv="content-type" content="text/html; charset=utf-8">
        <title>格式化</title>
    </head>
    <body>
        <h1>引用、术语格式化</h1>
        缩写：<abbr title="abbreviation">abbr</abbr><br />
        首字母缩写：<acronym title="HyperText Markup Language">HTML</acronym><br />
        地址：<address>北京市东城区王府井大街 10 号</address><br />
        文字方向从左往右：<bdo dir="ltr">北京欢迎你，Welcome to Beijing! </bdo><br />
        文字方向从右往左：<bdo dir="rtl">北京欢迎你，Welcome to Beijing! </bdo><br />
        长引用：<blockquote>To be or not to be,that's a question!</blockquote><br />
        短引用：<q>莎士比亚</q>一个人，诠释了整个世纪。<br />
        引用：<cite>北京欢迎你</cite>是北京奥运会宣传曲<br />
        定义：<dfn>HTML</dfn>是一种标记语言。<br />
    </body>
</html>
```

运行结果如下图所示。

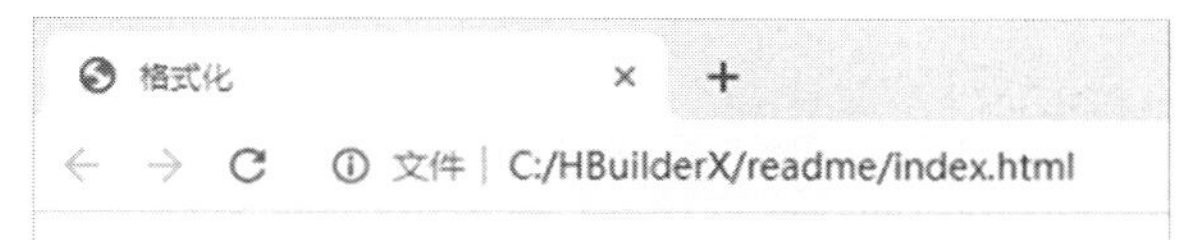

所有的格式化标签都支持全局标准属性和全局事件属性。

2.3.7 HTML 的图片元素

在 HTML 中，图像是由<img>元素定义的，<img>元素是空元素标签，也就是说，为了更加严谨和可靠，在实际开发中，最好写成<img />。

有很多情况，一张图片可能胜过千言万语，但是图片过多或者过大，也可能造成用户的等待，甚至造成用户不知所云。所以，在编写 HTML 文档时，图文并茂一定要合理。

<img>元素的基本结构如下：

<img src="图片的 url" alt="图像的替代文本" />

图片的 URL 指存储图像的位置，可以是相对路径，也可以是绝对路径。

图像的替代文本主要针对的是无图浏览器，或者纯文字型浏览器，图片会显示成图像的替代文本。

```
示例代码:
<!DOCTYPE HTML PUBLIC "-//W3C//DTD HTML 4.01//EN" "http://www.w3.org/TR/html4/strict.dtd">
<html>
    <head>
        <meta http-equiv="content-type" content="text/html; charset=utf-8">
        <title>图片</title>
    </head>
    <body>
        <img src="https://ss0.bdstatic.com/5aV1bjqh_Q23odCf/static/superman/img/logo_top_86d58ae1.png" alt="Baidu Logo">
    </body>
</html>
```

运行结果如下图所示。

在 IE 上关闭“显示图片”选项，运行结果如下图所示。

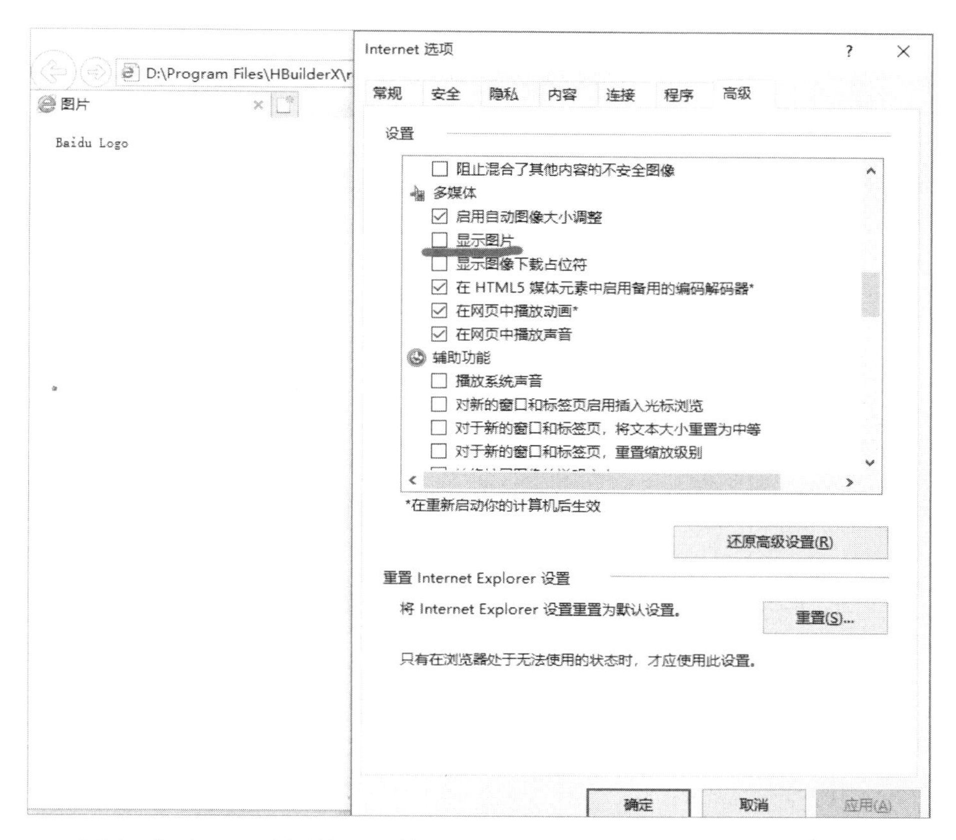

<img>元素还有以下一些属性可以使用。

- height：设置图片的高度。
- width：设置图片的宽度。

示例代码：

```
<!DOCTYPE HTML PUBLIC "-//W3C//DTD HTML 4.01//EN" "http://www.w3.org/TR/html4/strict.dtd">
<html>
    <head>
        <meta http-equiv="content-type" content="text/html; charset=utf-8">
        <title>图片</title>
    </head>
    <body>
        <img  src="https://ss0.bdstatic.com/5aV1bjqh_Q23odCf/static/superman/img/logo_top_86d58ae1.png" alt="Baidu Logo" width="117" height="38"><br />
        <img src="https://ss0.bdstatic.com/5aV1bjqh_Q23odCf/static/superman/img/logo_top_86d58ae1.png" alt="Baidu Logo" width="234" height="76"><br />
        <img src="https://ss0.bdstatic.com/5aV1bjqh_Q23odCf/static/superman/img/logo_top_86d58ae1.png" alt="Baidu Logo" width="351" height="114"><br />
    </body>
</html>
```

运行结果如下图所示。

<img>标签支持全局标准属性和全局事件属性。

2.3.8 HTML 的超链接元素

超链接在本质上属于一个网页的一部分，它是一种允许我们同其他网页或者站点之间进行链接的元素。各个网页链接在一起后，才能真正构成一个网站。超链接可以是一个字、一个词或者一组词，也可以是一幅图像。将鼠标指针移动到网页中的某个超链接上时，鼠标箭头会变为一只小手。可以说，超链接是 Web 页面和其他媒体的重要区别之一。

在 HTML 中，创建超链接需要用到<a>、<map>、<area>3 种标签，这 3 种标签均支持全局标准属性和全局事件属性。

一个超链接会产生网页跳转动作，这里就会产生一个问题——在哪里打开目标页面。这就需要<a>标签的 target 属性进行规定，它的默认值为_self，其他的值还有_blank、_parent、_top 等，如下表所示。

值	含　义
_self	在超链接所在框架或者窗口中打开目标页面
_blank	在新浏览器窗口中打开目标页面
_parent	将目标页面载入含有该链接框架的父框架集或者父窗口中
_top	在当前的整个浏览器窗口中打开目标页面，因此会删除所有框架

常见的超链接大致可以分为以下 7 种类型。

2.3.8.1 文本链接

文本链接，指的是<a>和</a>标签之间的元素内容为文本内容，是最常见的链接形式。链接目标可以是站内目标，也可以是站外目标；站内目标可以用相对路径，也可以用绝对路径，站外目标则必须用绝对路径。

```
示例代码：
<!DOCTYPE HTML PUBLIC "-//W3C//DTD HTML 4.01//EN" "http://www.w3.org/TR/html4/strict.dtd">
<html>
    <head>
        <meta http-equiv="content-type" content="text/html; charset=utf-8">
```

```
        <title>超链接——文本链接</title>
    </head>
    <body>
        <a href="http://www.baidu.com">百度</a><br />
        <a href="index.html">本站首页</a>
    </body>
</html>
```

运行结果如下图所示。

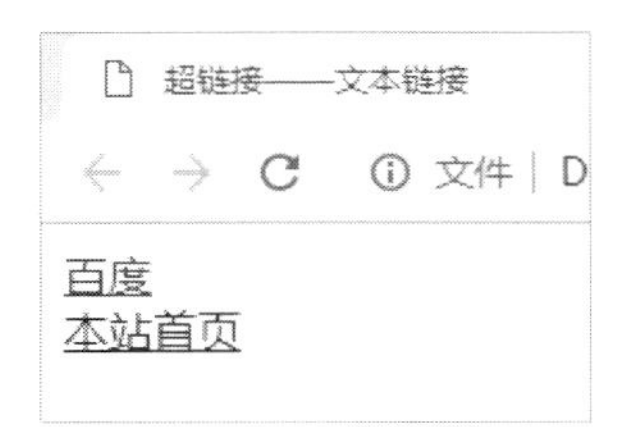

2.3.8.2 锚点链接

一份大型文档可以分成多个小节，读者可以通过锚点链接快速定位到自己想看的部分。锚点通常用唯一属性值 id 设定，然后在<a>元素的 name 属性中用“#+对应的锚点”即可。

```
示例代码:
<!DOCTYPE HTML PUBLIC "-//W3C//DTD HTML 4.01//EN" "http://www.w3.org/TR/
html4/strict.dtd">
<html>
    <head>
        <meta http-equiv="content-type" content="text/html; charset=utf-8">
        <title>超链接——锚点链接</title>
    </head>
    <body>
        <h1 id="main">首页</h1>
        <a href="#html_base">跳转到 HTML 基础</a><br />
        <a href="#css_base">跳转到 CSS 基础</a><br />
        <a href="#javascript_base">跳转到 JavaScript 基础</a><br />
        <br /><br /><br /><br /><br /><br /><br /><br /><br /><br /><br />
<br /><br /><br /><br /><br /><br /><br /><br /><br /><br /><br /><br /><br />
<br /><br /><br /><br />
        <h1 id="html_base">HTML 基础</h1>
        <a href="#main">回到顶部</a><br />
        <br /><br /><br /><br /><br /><br /><br /><br /><br /><br /><br />
<br /><br /><br /><br /><br /><br /><br /><br /><br /><br /><br /><br /><br />
<br /><br /><br /><br />
        <h1 id="css_base">CSS 基础</h1>
        <a href="#main">回到顶部</a><br />
        <br /><br /><br /><br /><br /><br /><br /><br /><br /><br /><br />
<br /><br /><br /><br /><br /><br /><br /><br /><br /><br /><br /><br /><br />
<br /><br /><br /><br />
        <h1 id="javascript_base">JavaScript 基础</h1>
```

```
            <a href="#main">回到顶部</a><br />
            <br /><br /><br /><br /><br /><br /><br /><br /><br /><br /><br />
<br /><br /><br /><br /><br /><br /><br /><br /><br /><br /><br /><br /><br />
<br /><br /><br /><br />
        </body>
    </html>
```

运行结果如下图所示。

单击跳转，可以跳转到相应的标题，如单击“跳转到 CSS 基础”，浏览器显示的页面如下图所示。

单击“回到顶部”即可回到首页标题处。

2.3.8.3 图像链接

图像链接就是<a>和</a>标签之间的元素内容为<img>元素。

```
    示例代码:
    <!DOCTYPE HTML PUBLIC "-//W3C//DTD HTML 4.01//EN" "http://www.w3.org/TR/
html4/strict.dtd">
    <html>
        <head>
            <meta http-equiv="content-type" content="text/html; charset=utf-8">
            <title>超链接——图像链接</title>
        </head>
        <body>
            <a href="http://www.baidu.com">
                <img    src="https://ss0.bdstatic.com/5aV1bjqh_Q23odCf/static/
```

```
superman/img/logo_top_86d58ae1.png" alt="Baidu Logo"><br />
        </a>
    </body>
</html>
```

运行结果如下图所示。

在图片上单击可以跳转至 http://www/baidu.com/，在图片上右击，可复制链接地址。

2.3.8.4　图像热区链接

图像热区链接是图像链接的升级，指的是在同一张图片上，不同的地方可以链接到不同的目标位置。这时使用的不再是<a>元素，而是<area>元素，<area>元素属性比<a>元素多了 shape、cords 两个属性，如下表所示。

shape 属性	解　释	cords 属性	解　释
circle	圆形	x,y,r	(x,y)为圆心坐标，r 为半径
rect	矩形	$x1,y1;x2,y2$	$(x1,y1)$为左上角坐标 $(x2,y2)$为右下角坐标
poly	多边形	$x1,y1;x2,y2;x3,y3;$ $x4,y4;\cdots$	$(x1,y1),(x2,y2),(x3,y3),(x4,y4),\cdots$，分别是多边形各个点的坐标

值得注意的是，<area>的坐标系，原点为图片的左上角，x 轴的正方向朝右，y 轴的正方向朝下，下图直观地反映了<area>的坐标系。

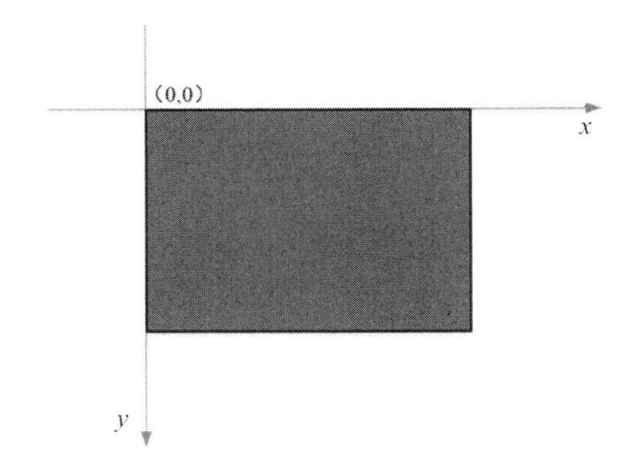

图像热区链接的使用步骤如下。

（1）通过<map>标签定义一个 image-map，可以包含一个以上的热区<area>，每个热区都有独立的链接。另外，要为<map>标签赋予 name 属性。

（2）将<img>标签的 usemap 属性与<map>标签的 name 属性相关联。

```
示例代码：
<!DOCTYPE HTML PUBLIC "-//W3C//DTD HTML 4.01//EN" "http://www.w3.org/TR/html4/strict.dtd">
<html>
    <head>
        <meta http-equiv="content-type" content="text/html; charset=utf-8">
        <title>超链接——图片热区链接</title>
    </head>
    <body>
        <map name="image_link">
            <area shape="circle" coords="50,50,30" href ="" alt="" />
            <area shape="rect" coords="90,20,150,80" href ="" alt="" />
            <area shape="poly" coords="200,30,300,10,280,70,260,100,220,50" href ="" alt="" />
        </map>
        <img usemap="#image_link" src="https://ss0.bdstatic.com/5aV1bjqh_Q23odCf/static/superman/img/logo_top_86d58ae1.png" alt="Baidu Logo" width="351" height="114">
    </body>
</html>
```

上述示例代码绘制了3个超链接，区域分别为圆形、矩形、多边形，如下图所示。

2.3.8.5　E-mail 链接

点击 E-mail 链接后，浏览器会使用系统默认的 E-mail 程序，打开一封新的电子邮件，且该电子邮件地址为链接指向的地址。href 属性值由“mailto:”和 E-mail 地址两部分组成。

示例代码：

```
<!DOCTYPE HTML PUBLIC "-//W3C//DTD HTML 4.01//EN" "http://www.w3.org/TR/html4/strict.dtd">
<html>
    <head>
        <meta http-equiv="content-type" content="text/html; charset=utf-8">
        <title>超链接——E-mail 链接</title>
    </head>
    <body>
        <a href="mailto:someone@example.com">联系我们</a>
    </body>
</html>
```

运行结果如下图所示。

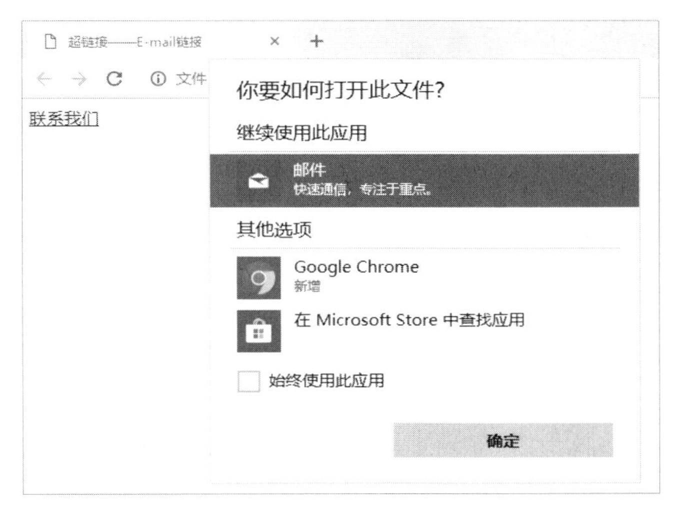

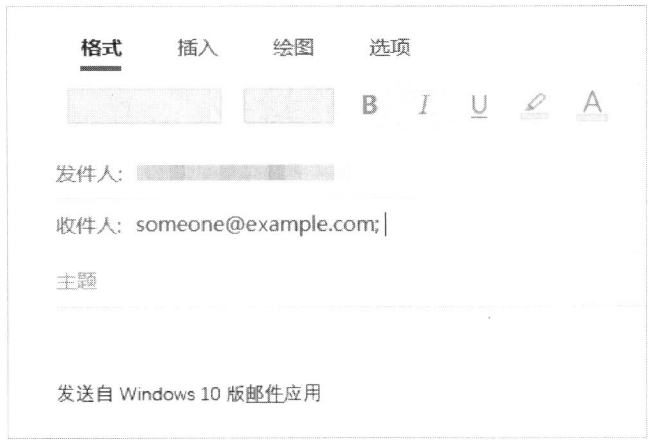

2.3.8.6　JavaScript 链接

当用户点击 JavaScript 链接时会进行 JavaScript 的调用，具体可以参考 JavaScript 篇章。

```
示例代码：
<!DOCTYPE HTML PUBLIC "-//W3C//DTD HTML 4.01//EN" "http://www.w3.org/TR/html4/strict.dtd">
<html>
    <head>
        <meta http-equiv="content-type" content="text/html; charset=utf-8">
        <title>超链接——JavaScript 链接</title>
    </head>
    <body>
        <a href="javascript:alert('Hello World!');">点击弹窗</a>
    </body>
</html>
```

运行结果如下图所示。

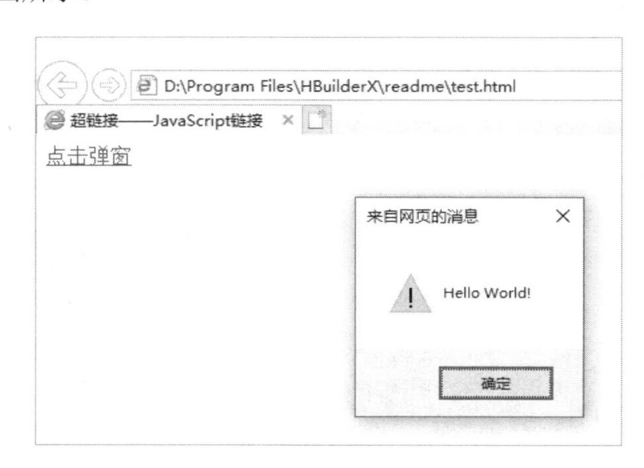

2.3.8.7　空链接

空链接是指未指派目标地址的超链接，现在使用场景已经很少，通常将 href 属性值设为 javascript:void(0)。在实际开发中，有的人会将空链接写成 href=""或者 href="#"，虽然这两种也是空链接，但它其实有锚点（#top）的意思，会产生回到顶部的效果。

```
示例代码：
<!DOCTYPE HTML PUBLIC "-//W3C//DTD HTML 4.01//EN" "http://www.w3.org/TR/html4/strict.dtd">
<html>
    <head>
        <meta http-equiv="content-type" content="text/html; charset=utf-8">
        <title>超链接——空链接</title>
    </head>
    <body>
        <a href="">这是一个空链接</a><br />
        <a href="#">这是一个空链接</a><br />
```

```
    <a href="javascript:void(0)">这是一个空链接</a><br />
  </body>
</html>
```

2.3.9 HTML 的列表元素

通常人们会将相关信息用列表的形式放在一起，这样会使内容显得更加有条理性。HTML 提供了 3 种列表模式。

2.3.9.1 无序列表

无序列表的每一项前缀都显示为图形符号，用<ul>定义无序列表，用<li>定义列表项。<ul>的 type 属性定义图形符号的样式，属性值为 disc（点）、square（方块）、circle（圆）、none（无）等，但由于实际使用并不美观，因此通常用 CSS 指定前缀样式。

```
示例代码:
<!DOCTYPE HTML PUBLIC "-//W3C//DTD HTML 4.01//EN" "http://www.w3.org/TR/
html4/strict.dtd">
<html>
  <head>
    <meta http-equiv="content-type" content="text/html; charset=utf-8">
    <title>无序列表</title>
  </head>
  <body>
    <ul type="circle">
      <li>北京</li>
      <li>上海</li>
      <li>重庆</li>
    </ul>
    <ul type="square">
      <li>北京</li>
      <li>上海</li>
      <li>重庆</li>
    </ul>
    <ul type="disc">
      <li>北京</li>
      <li>上海</li>
      <li>重庆</li>
    </ul>
    <ul type="none">
      <li>北京</li>
      <li>上海</li>
      <li>重庆</li>
    </ul>

  </body>
</html>
```

运行结果如下图所示。

2.3.9.2 有序列表

有序列表的前缀通常为数字或者字母，用<ol>定义有序列表，用<li>定义列表项。同样，<ol>的 type 属性定义图形符号的样式，属性值为 1（数字）、A（大写字母）、Ⅰ（大写罗马数字）、a（小写字母）、i（小写罗马数字）等。<ol>还可以通过 start 属性定义序号的开始位置。

```
示例代码:
<!DOCTYPE HTML PUBLIC "-//W3C//DTD HTML 4.01//EN" "http://www.w3.org/TR/html4/strict.dtd">
<html>
    <head>
        <meta http-equiv="content-type" content="text/html; charset=utf-8">
        <title>有序列表</title>
    </head>
    <body>
        <ol type="A">
            <li>老大王器</li>
            <li>老二王宇</li>
            <li>老三王轩</li>
            <li>老四王昂</li>
        </ol>
        <ol type="I">
            <li>老大王器</li>
            <li>老二王宇</li>
            <li>老三王轩</li>
            <li>老四王昂</li>
        </ol>
        <ol type="1" start="2">
            <li>老二王宇</li>
            <li>老三王轩</li>
```

```
            <li>老四王昂</li>
        </ol>
    </body>
</html>
```

运行结果如下图所示。

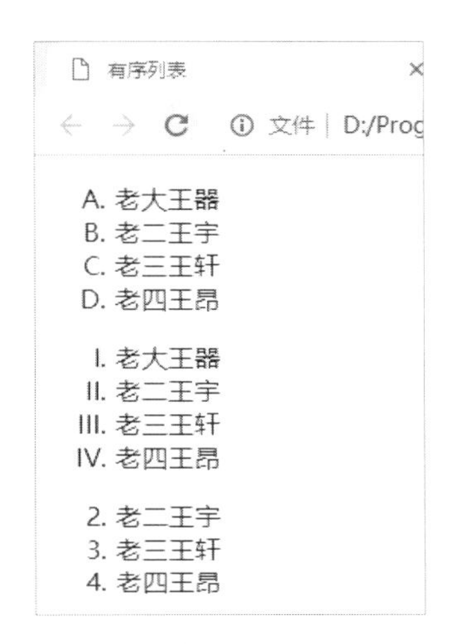

2.3.9.3 定义列表

定义列表是一种特殊的列表，它的内容不仅仅是一列项目，而是项目及其注释的组合。定义列表用<dl>标签定义，定义列表内部可以有多个列表项标题，每个列表项标题用<dt>标签定义，列表项标题内部又可以有多个列表项描述，用<dd>标签定义。

```
示例代码：
<!DOCTYPE HTML PUBLIC "-//W3C//DTD HTML 4.01//EN" "http://www.w3.org/TR/
html4/strict.dtd">
<html>
    <head>
        <meta http-equiv="content-type" content="text/html; charset=utf-8">
        <title>定义列表</title>
    </head>
    <body>
        <dl>
            <dt>电影</dt>
            <dd>国产电影</dd>
            <dd>日韩电影</dd>
            <dd>欧美电影</dd>
            <dt>电视剧</dt>
            <dd>国产电视剧</dd>
            <dd>日韩电视剧</dd>
            <dd>欧美电视剧</dd>
            <dt>综艺</dt>
            <dd>国产综艺</dd>
            <dd>日韩综艺</dd>
```

```
            <dd>欧美综艺</dd>
        </dl>
    </body>
</html>
```

运行结果如下图所示。

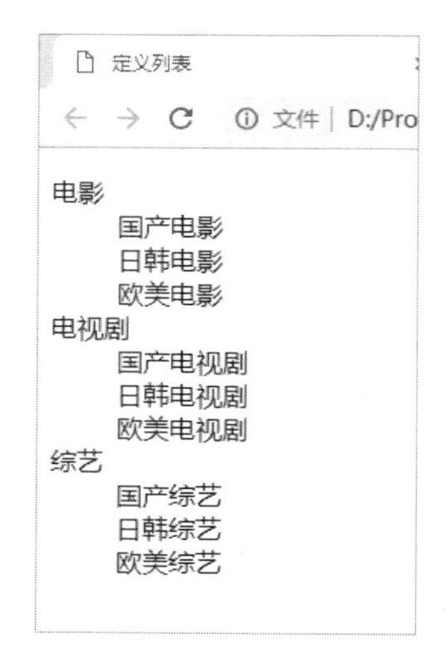

2.3.10 HTML 的表格元素

表格用<table>标签定义。表格标题用<caption>标签定义，每个表格均有若干行，用<tr>标签定义，每行被分割为若干单元格，用<td>标签定义，当单元格是表头时，一般用<th>标签定义。

当表格分成头部、主体、底部时，就可以用<thead>、<tbody>、<tfoot>3 个标签构建表格，对这 3 个标签，每个标签内同样均有若干行。

<table>、<caption>、<tr>、<th>、<thead>、<tbody>、<tfoot>标签均支持全局标准属性和全局事件属性。

<table>标签常用属性如下表所示。

属　性	含　义
border	设置表格的边框宽度
width	设置表格的宽
height	设置表格的高
cellpadding	设置内边距
cellspacing	设置外边距

```
示例代码：
<!DOCTYPE HTML PUBLIC "-//W3C//DTD HTML 4.01//EN" "http://www.w3.org/TR/html4/strict.dtd">
<html>
```

```
    <head>
        <meta http-equiv="content-type" content="text/html; charset=utf-8">
        <title>表格</title>
    </head>
    <body>
        <table>
            <caption>职业调查</caption>
            <tr>
                <th>姓名</th>
                <th>性别</th>
                <th>职业</th>
            </tr>
            <tr>
                <td>张三</td>
                <td>男</td>
                <td>学生</td>
            </tr>
            <tr>
                <td>李四</td>
                <td>女</td>
                <td>教师</td>
            </tr>
        </table>
        <table border="1" cellpadding="10" cellspacing="10">
            <caption>职业调查</caption>
            <tr>
                <th>姓名</th>
                <th>性别</th>
                <th>职业</th>
            </tr>
            <tr>
                <td>张三</td>
                <td>男</td>
                <td>学生</td>
            </tr>
            <tr>
                <td>李四</td>
                <td>女</td>
                <td>教师</td>
            </tr>
        </table>
    </body>
</html>
```

运行结果如下图所示。

<td>的常用属性有两个：colspan，用于定义单元格跨行；rowspan，用于定义单元格跨列。

```
示例代码：
<!DOCTYPE HTML PUBLIC "-//W3C//DTD HTML 4.01//EN" "http://www.w3.org/TR/html4/strict.dtd">
<html>
    <head>
        <meta http-equiv="content-type" content="text/html; charset=utf-8">
        <title>表格</title>
    </head>
    <body>
        <table border="1" width="300" height="300" cellspacing="0">
            <tr>
                <td colspan="2"></td>
                <td rowspan="2"></td>
            </tr>
            <tr>
                <td rowspan="2"></td>
                <td></td>
            </tr>
            <tr>
                <td colspan="2"></td>
            </tr>
        </table>
    </body>
</html>
```

运行结果如下图所示。

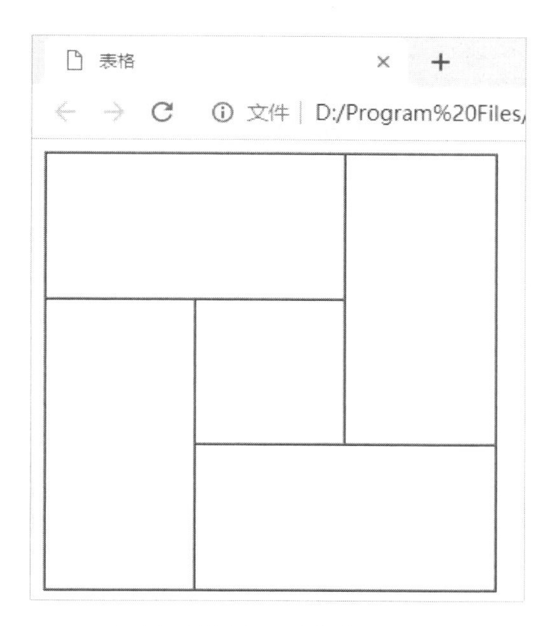

<tbody>、<thead>、<tfoot>标签通常用于对表格内容进行分组。

示例代码：

```
<!DOCTYPE HTML PUBLIC "-//W3C//DTD HTML 4.01//EN" "http://www.w3.org/TR/html4/strict.dtd">
<html>
    <head>
        <meta http-equiv="content-type" content="text/html; charset=utf-8">
        <title>表格</title>
    </head>
    <body>
        <table border="1">
            <thead>
                <tr>
                    <td> </td>
                    <td>收入</td>
                    <td>支出</td>
                    <td>结余</td>
                </tr>
            </thead>
            <tbody>
                <tr>
                    <td>丈夫</td>
                    <td>1000</td>
                    <td>500</td>
                    <td>500</td>
                </tr>
                <tr>
                    <td>妻子</td>
                    <td>500</td>
```

```
                <td>800</td>
                <td>-300</td>
            </tr>
        </tbody>
        <tfoot>

            <tr>
                <td>总计</td>
                <td>1500</td>
                <td>1300</td>
                <td>200</td>
            </tr>
        </tfoot>
    </table>
  </body>
</html>
```

运行结果如下图所示。

	收入	支出	结余
丈夫	1000	500	500
妻子	500	800	-300
总计	1500	1300	200

为了调整整列的格式，有时会用到<colgroup>和<col>。其中，<colgroup>用于对表格中的列进行组合，以便对其进行格式化，它的子元素<col>用于为表格中一个或者多个列定义属性值。需要注意的是，这两个元素也需要放在<table>元素内部。

```
示例代码：
<!DOCTYPE HTML PUBLIC "-//W3C//DTD HTML 4.01//EN" "http://www.w3.org/TR/
html4/strict.dtd">
<html>
  <head>
    <meta http-equiv="content-type" content="text/html; charset=utf-8">
    <title>表格</title>
  </head>
  <body>
    <table>
        <tbody>
            <colgroup>
                <col bgcolor="#f79d03">
                <col bgcolor="#ffd4f5">
                <col bgcolor="#e80063">
```

```
                <col bgcolor="#24ff45">
            </colgroup>
            <tr>
                <th>排名</th>
                <th>公司</th>
                <th>营收(单位：百万美元)</th>
                <th>利润(单位：百万美元)</th>
            </tr>
            <tr>
                <td>1</td>
                <td>公司 A</td>
                <td>323,139.0</td>
                <td>15,284.0</td>
            </tr>
            <tr>
                <td>2</td>
                <td>公司 B</td>
                <td>234,456.0</td>
                <td>12,567.0</td>
            </tr>
            <tr>
                <td>3</td>
                <td>公司 C</td>
                <td>203,222.0</td>
                <td>11,666.0</td>
            </tr>
        </tbody>
    </table>
  </body>
</html>
```

运行结果如下图所示。

2.3.11 HTML 的表单元素

在实际使用中，经常会遇到账号注册、账号登录、搜索、用户调查等，大部分网站在这些问题上使用 HTML 表单与用户进行交互。

表单元素允许用户在表单中输入内容，如文本框、文本域、单选框、复选框、下拉列表、按钮等，当用户信息填写完毕后，进行提交操作，然后表单可以将用户在浏览时输入的数据传送到服务器端，这样服务器端程序就可以处理表单传过来的数据。

网页内的表单是由<form>标签定义的，其他的表单控件元素必须放在<form>元素内部，否则，单击 submit 按钮提交时会丢失参数。

<form>标签最重要的属性为 action 和 method。action 属性定义了表单提交的地址，通常为一个 URL 地址；method 属性定义了表单提交的方式，通常用 post，有时会用 get，具体用哪个由 Web 后端开发工程师决定，Web 前端开发只需要明确使用哪一个即可。表单控件基本上都支持全局标准属性和全局事件属性。

在大部分情况下，表单控件元素用的是<input>元素，它是一个空元素，没有结束标签，在实际开发中建议将此标签写成<input />。<input>元素可以通过 type 的属性值定义以下 10 种表单控件。

type 的属性值	类　型	用　途
<input type="text">	单行文本框	可以输入一行文本，可通过 size 和 maxlength 定义显示的宽度和最大字符数
<input type="password">	密码输入框	同单行文本框，可以输入一行文本，不同的是，该区域字符会被掩码
<input type="radio">	单选按钮	相同 name 属性的单选按钮只能选一个，默认选中用 checked="checked"
<input type="checkbox">	多选按钮	可以多选的选择框，默认选中用 checked="checked"
<input type="submit">	提交按钮	单击后会将表单数据发送到服务器
<input type="reset">	重置按钮	单击后会清除表单中的所有数据
<input type="button">	按钮	定义按钮，大部分情况下执行的是 JavaScript 脚本
<input type="image">	图片形式提交按钮	效果同提交按钮，用 src 属性赋予图片的 URL，与提交按钮不同的是会在提交的参数中，相对于图片来说，在图片上单击坐标(x,y)
<input type="file">	选择文件控件	用于文件上传
<input type="hidden">	隐藏的输入区域	一般用于定义隐藏的参数

<input>元素最重要的两个属性：一个是 name，另一个是 value。这两个属性决定了表单提交时，对应的参数分别从这两个属性获取，形式为 name=value。

示例代码：

```
<!DOCTYPE HTML PUBLIC "-//W3C//DTD HTML 4.01//EN" "http://www.w3.org/TR/html4/strict.dtd">
<html>
    <head>
        <meta http-equiv="content-type" content="text/html; charset=utf-8">
        <title>表单</title>
    </head>
    <body>
        <h1>注册账号</h1>
```

```
        <form action="regist" method="post">
            用户名：<input type="text" name="username" id="username" value="" />
            <input type="button" name="checkusername" id="checkusername"
value="检查用户名是否被注册" /><br />
            密码：<input type="password" name="password" id="password" value="" />
<br />
            确认密码：<input type="password" name="" id="re_password" value="" />
<br />
            性别：<input type="radio" name="sex" id="sex_man" value="man"
checked="checked" />男 <input type="radio" name="sex" id="sex_woman"
             value="woman" />女<br />
            兴趣爱好：<input type="checkbox" name="interest" id="ins_football"
value="football" />足球 <input type="checkbox" name="interest"
             id="ins_volleyball" value="volleyball" /> 排 球 <input
type="checkbox" name="interest" id="ins_ping-pong" value="ping-pong" />乒乓
球<br />
            选择头像：<input type="file" name="file" id="file" value="" /><br />
            <input type="image" width="80" height="80" src="pic/submit.jpg" />
<br />
            <input type="reset" value="重置信息" /> <input type="submit"
id="submit" value="注册账号" />
            <input type="hidden" name="regist" id="" value="default" />
        </form>
    </body>
</html>
```

运行结果如下图所示。

无论是单选按钮，还是多选按钮，当选项很多时，就会发现占用的区域较大。在这种情况下，通常用下拉列表或者滚动列表来做。

可以用<select>和<option>两个元素实现我们想要的效果，用<select>定义列表，用<option>定义列表项。这种列表参数需要的属性分别是<select>的 name 属性和<option>的 value 属性。

<select>的 size 和 multiple 属性决定了是下拉列表还是滚动列表。size 属性用来设置选择栏的高度；multiple 属性用来决定是多选列表，还是单选列表，它的值只能是 multiple。

如果想让哪个<option>默认选中，只需要给它加上属性 selected="selected"即可。

```
示例代码：
<!DOCTYPE HTML PUBLIC "-//W3C//DTD HTML 4.01//EN" "http://www.w3.org/TR/html4/strict.dtd">
<html>
    <head>
        <meta http-equiv="content-type" content="text/html; charset=utf-8">
        <title>表单</title>
    </head>
    <body>
        <h1>调查</h1>
        <form action="homeplace" method="post">
            您的家乡：
            <select name="homeplace">
                <option value="Beijing">北京</option>
                <option value="Tianjin">天津</option>
                <option value="Shanghai">上海</option>
                <option value="Chongqing">重庆</option>
                <option value="Hebei">河北</option>
                <option value="Henan">河南</option>
                <option value="Shanxi">山西</option>
                <option value="Shandong">山东</option>
                <option value="Liaoning">辽宁</option>
                <option value="Jilin">吉林</option>
                <option value="Heilongjiang">黑龙江</option>
                <option value="Jiangsu">江苏</option>
                <option value="Zhejiang">浙江</option>
                <option value="Anhui">安徽</option>
                <option value="Fujian">福建</option>
                <option value="Jiangxi">江西</option>
                <option value="Hubei">湖北</option>
                <option value="Hunan">湖南</option>
                <option value="Guangdong">广东</option>
                <option value="Guangxi">广西</option>
                <option value="Hainan">海南</option>
                <option value="Sichuan">四川</option>
                <option value="Guizhou">贵州</option>
                <option value="Yunnan">云南</option>
```

```
                <option value="Shaanxi">陕西</option>
                <option value="Gansu">甘肃</option>
                <option value="Qinghai">青海</option>
                <option value="Ningxia">宁夏</option>
                <option value="Xinjiang">新疆</option>
                <option value="Inner Mongolia">内蒙古</option>
                <option value="Tibet">西藏</option>
                <option value="Taiwan">台湾</option>
                <option value="Hong Kong">香港</option>
                <option value="Macao">澳门</option>
            </select>
            <input type="submit" id="" name="" />
        </form>
    </body>
</html>
```

运行结果如下图所示。

示例代码：

```
<!DOCTYPE HTML PUBLIC "-//W3C//DTD HTML 4.01//EN" "http://www.w3.org/TR/html4/strict.dtd">
```

```
<html>
    <head>
        <meta http-equiv="content-type" content="text/html; charset=utf-8">
        <title>表单</title>
    </head>
    <body>
        <h1>调查</h1>
        <form action="inquire" method="post">
            您在哪些方面会使用计算机?
            <select name="computer" multiple="multiple">
                <option value="edit">图文编辑</option>
                <option value="game">玩游戏</option>
                <option value="video">看电视、电影</option>
                <option value="sns">网络社交</option>
                <option value="develop">程序开发</option>
            </select><br /><br />
            您大约什么时候接触的计算机?
            <select name="age" size="3">
                <option value="0+">0-10 岁</option>
                <option value="10+">11-20 岁</option>
                <option value="20+">21-30 岁</option>
                <option value="30+">31-40 岁</option>
                <option value="40+">41 岁以上</option>
            </select><br />
            <input type="submit" id="" name="" />
        </form>
    </body>
</html>
```

运行结果如下图所示。

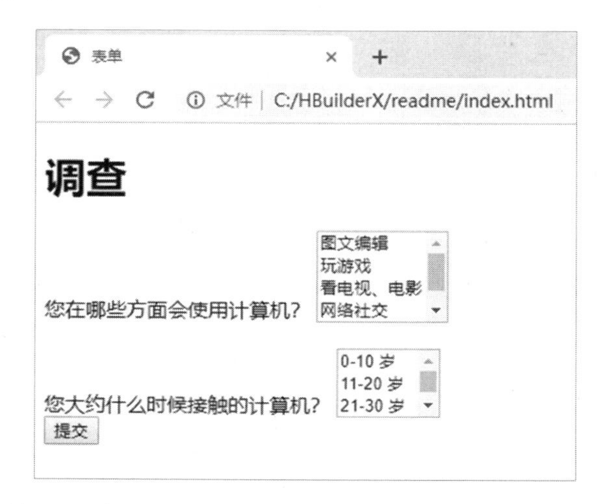

还有一个表单控件，即多行文本域，顾名思义，用于输入更多的文本。在表单中，多行文本用的是<textarea>元素。

<textarea>标签具有 name、cols、rows 3 个属性。其中，name 用于提交的参数，value 源自输入的文本内容；cols 和 rows 分别定义文本框的列数和行数，即宽度和高度。

```
示例代码：
<!DOCTYPE HTML PUBLIC "-//W3C//DTD HTML 4.01//EN" "http://www.w3.org/TR/html4/strict.dtd">
<html>
    <head>
        <meta http-equiv="content-type" content="text/html; charset=utf-8">
        <title>表单</title>
    </head>
    <body>
        <h1>调查</h1>
        <form action="inquire" method="post">
            自我评价：<br />
            <textarea rows="10" cols="50" name="introduce">
            </textarea><br />
            <input type="submit" id="" name="" />
        </form>
    </body>
</html>
```

运行结果如下图所示。

2.3.12 HTML 的框架元素

前面讲述了网页布局，大部分网页可以看作 DIV+CSS 布局方式，但是，有一小部分网页不是这么做的，它们可能是 table 布局方式，也可能是框架集布局方式。table 布局方式通篇用<table>元素完成，通常见于报告单等，使用较少。

框架集布局用到了 HTML 框架集元素，框架集布局和普通布局最大的不同就是，框架集布局可以在同一个浏览器窗口显示一个以上的页面。框架集布局在写法上，首先是 DTD

的不同，需要用到框架集模式，HTML 4.01 中 DTD 写成<!DOCTYPE HTML PUBLIC "-//W3C//DTD HTML 4.01 Frameset//EN" "http://www.w3.org/TR/html4/frameset.dtd">；XHTML 1.0 中，DTD 写成<!DOCTYPE html PUBLIC "-//W3C//DTD XHTML 1.0 Frameset//EN" "http://www.w3.org/TR/xhtml1/DTD/xhtml1-frameset.dtd">。其标签主要有以下几个。

- <frameset>：定义一个框架集，用于组织多个窗口（框架），每个框架存有独立的 HTML 文档。<frameset>元素通常用 cols 或者 rows 属性规定在框架集中存在多少列或者多少行的框架。需要注意的是，不能与<frameset>元素标签共同使用<body>元素，除非有<noframe>元素，此时需要将<body>元素放在<noframe>元素之中。
- <frame>：用于定义<frameset>中一个特定的窗口（框架）。需要注意的是，这个元素是空元素，没有结束标签，建议写为<frame />。
  - 用 src 属性定义需要显示的 HTML 文档。
  - 用 frameborder 属性定义框架的外边框，属性值为 0 或者 1。
  - 用 scrolling 属性定义是否显示滚动条，有 yes、no 和 auto 3 个属性值。
  - 用 noresize="noresize"定义该框架无法调整大小，非默认值，默认是可调整大小的。
  - 用 marginheight 和 marginwidth 属性定义上下左右的边距。
- <noframe>：用于为那些不支持框架集的浏览器显示文本。<noframes>元素位于<frameset>元素内部。
- <iframe>：该元素的效果与<frame>元素相同，但与<frame>元素有两点不同之处：一是用在<body>元素中，创建一个行内框架；二是它是有开始标签和结束标签的，可以将普通文本放入并作为元素的内容，应对遇到不支持<iframe>元素的浏览器，显示提示告知用户。<iframe>支持全局标准属性和全局事件属性。另外，它的属性 src、frameborder、scrolling、marginheight、marginwidth 与<frame>元素相同，但增加了以下几个属性。
  - height：用于定义框架的高度。
  - width：用于定义框架的宽度。

```
示例代码：
<!DOCTYPE HTML PUBLIC "-//W3C//DTD HTML 4.01 Frameset//EN" "http://www.w3.
org/TR/html4/frameset.dtd">
<html>
    <head>
        <meta http-equiv="content-type" content="text/html; charset=utf-8">
        <title>框架集</title>
    </head>
    <frameset cols="25%,50%,25%">
        <frame src="http://www.taobao.com" scrolling="no" noresize=" noresize"/>
        <frame src="http://www.baidu.com" />
        <frame src="http://www.sina.com" />
        <noframes>
            <body>您的浏览器无法处理框架！请更换浏览器打开</body>
```

```
        </noframes>
    </frameset>
</html>
```

运行结果如下图所示，图中左侧的淘宝网无法下拉，并且无法调整大小。

示例代码：

```
<!DOCTYPE HTML PUBLIC "-//W3C//DTD HTML 4.01 Frameset//EN" "http://www.w3.
org/TR/html4/frameset.dtd">
<html>
    <head>
        <meta http-equiv="content-type" content="text/html; charset=utf-8">
        <title>框架集</title>
    </head>
    <frameset rows="25%,50%,25%">
        <frame src="http://www.taobao.com" />
        <frame src="http://www.baidu.com" />
        <frame src="http://www.sina.com" />
        <noframes>
            <body>您的浏览器无法处理框架！请更换浏览器打开</body>
        </noframes>
    </frameset>
</html>
```

运行结果如下图所示。

示例代码：

```
<!DOCTYPE HTML PUBLIC "-//W3C//DTD HTML 4.01 Frameset//EN" "http://www.w3.org/TR/html4/frameset.dtd">
<html>
    <head>
        <meta http-equiv="content-type" content="text/html; charset=utf-8">
        <title>框架集</title>
    </head>
    <frameset rows="50%,50%">
        <frame src="http://www.taobao.com" />
        <frameset cols="50%,50%">
            <frame src="http://www.baidu.com" />
            <frame src="http://www.sina.com" />
        </frameset>
        <noframes>
            <body>您的浏览器无法处理框架！请更换浏览器打开</body>
        </noframes>
    </frameset>
</html>
```

运行结果如下图所示。

```
<!DOCTYPE HTML PUBLIC "-//W3C//DTD HTML 4.01 Frameset//EN" "http://www.w3.org/TR/html4/frameset.dtd">
<html>
    <head>
        <meta http-equiv="content-type" content="text/html; charset=utf-8">
        <title>框架集</title>
    </head>
    <frameset rows="50%,50%">
        <frame src="http://www.taobao.com" />
        <frameset cols="50%,50%">
            <frame src="http://www.baidu.com" />
            <frame src="http://www.sina.com" />
        </frameset>
        <noframes>
            <body>您的浏览器无法处理框架！请更换浏览器打开</body>
        </noframes>
    </frameset>
</html>
```

框架集还可以做成一种导航框架，但需要先编写一个 nav.html 导航页面。

```
<!DOCTYPE HTML PUBLIC "-//W3C//DTD HTML 4.01 Frameset//EN" "http://www.w3.org/TR/html4/frameset.dtd">
<html>
    <head>
        <meta charset="utf-8">
        <title>导航</title>
    </head>
```

```
    <body>
        <a href="http://www.baidu.com" target="showframe">百度</a><br />
        <a href="http://www.taobao.com" target="showframe">淘宝</a><br />
        <a href="http://www.sina.com" target="showframe">新浪</a><br />
    </body>
</html>
```

这里的 target 指向的是第二个框架的 name 属性，框架集代码如下：

```
<!DOCTYPE HTML PUBLIC "-//W3C//DTD HTML 4.01 Frameset//EN" "http://www.w3.
org/TR/html4/frameset.dtd">
<html>
    <head>
        <meta http-equiv="content-type" content="text/html; charset=utf-8">
        <title>框架集</title>
    </head>
    <frameset cols="100,*">
        <frame src="nav.html">
            <frame src="http://www.baidu.com" name="showframe" />
            <noframes>
                <body>您的浏览器无法处理框架！请更换浏览器打开</body>
            </noframes>
    </frameset>
</html>
```

这样就可以做到单击左侧而右侧随之切换的效果，运行结果如下图所示。

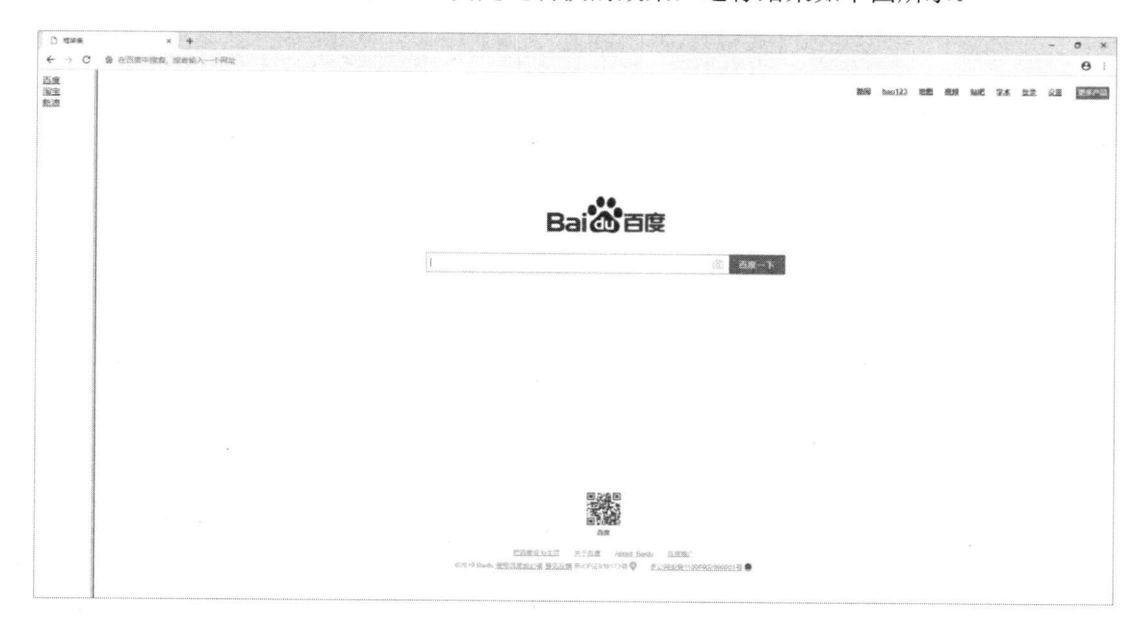

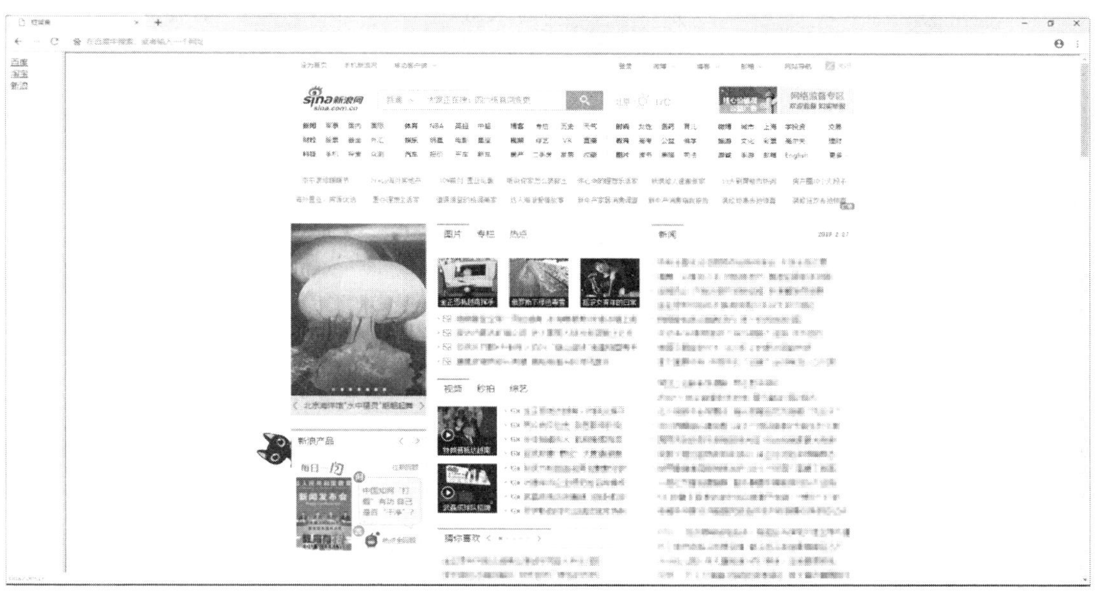

<iframe>的示例代码：

```
<!DOCTYPE HTML PUBLIC "-//W3C//DTD HTML 4.01 Frameset//EN" "http://www.w3.org/TR/html4/frameset.dtd">
<html>
    <head>
        <meta http-equiv="content-type" content="text/html; charset=utf-8">
        <title>框架集</title>
    </head>
    <body>
        百度:
        <iframe src="http://www.baidu.com" width="600" height="300">http://wwww.baidu.com</iframe><br />
        必应:
        <iframe src="http://www.bing.com" width="600" height="300">http://wwww.bing.com</iframe><br />
        淘宝:
        <iframe src="http://www.taobao.com" width="600" height="300">http://wwww.taobao.com</iframe><br />
    </body>
</html>
```

运行结果如下图所示。

2.4 HTML 的预留字符

在编程语言中有大量的保留字，这些保留字不能用作变量名或者过程名。同样，在HTML 中也存在大量的类似字符，称作预留字符。在实际开发中，这些预留字符是不能使用的，因为浏览器可能会误读我们想要表达的内容，具体如下：

```
<div>我们把<div>元素叫作分块元素。</div>
```

在这句话中，第二个<div>是想表述成一个普通文本，但浏览器并不会这样认为，浏览器的运行结果如下图所示。

我们把
元素叫作分块元素。

所以，在开发中难免会遇到像这种需要显示预留字符的情况。在这种情况下，就需要将“<”和“>”替换成“<”和“>”，应该写为如下形式：

```
<div>我们把&lt;div&gt;元素叫作分块元素。</div>
```

常见的HTML需要转义的字符可以查看下表。

显示字符	十进制编号	实体字符
"	"	"
&	&	&
<	<	<
>	>	>
空格，用于显示连续空格		

上表中出现了两种转义，任意一种都可以实现，但实体字符便于记忆，而十进制编号兼容性较强。

HTML还提供了大量的实体字符，用于输入一些特殊符号，如下表所示，当然，我们也可以通过特殊的输入法输入，但没有实体字符那么方便。

显示字符	十进制编号	实体字符
¥（人民币元）	¥	¥
€（欧元）	€	€
©（copyright版权）	©	©
®（商标）	®	®
™（商标）	™	™
×（乘号）	×	×
÷（除号）	÷	÷

2.5 本章小结

本章主要介绍了HTML和XHTML的历史，需要重点掌握HTML4的元素及其用法，并了解HTML的全局事件属性，为学习CSS和JavaScript奠定基础。

第3章 CSS基础

学习任务

【任务1】了解CSS的历史；

【任务2】精通CSS的语法和两个特性；

【任务3】精通CSS的选择器和属性。

学习路线

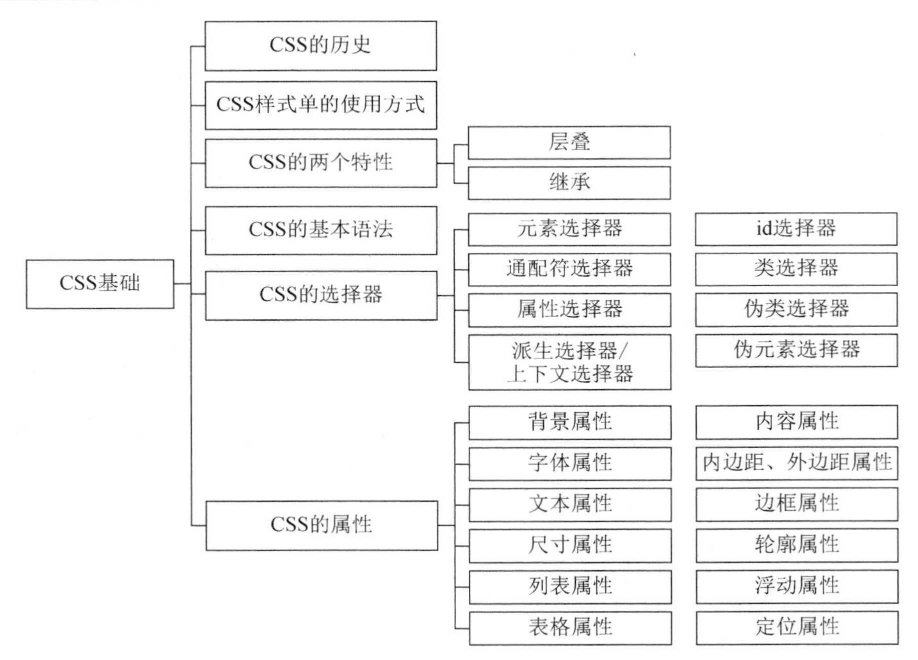

3.1 什么是 CSS

CSS，英文全称是 Cascading Style Sheets，中文名为级联样式单，也有人称其为层叠样式单。层叠就是样式可以层层叠加，可以对一个元素多次设置样式，后面定义的样式会对前面定义的样式进行重写，在浏览器中看到的效果是使用最后一次设置的样式。CSS 是一种表现语言，是对网页结构语言的补充。CSS 主要用于网页的风格设计，包括字体、颜色、位置等方面的设计。在 HTML 网页中加入 CSS，可以使网页展现更丰富的内容。

3.2 CSS 的历史

- CSS 1.0：发布于 1996 年 12 月，这个版本提供了有关文字、颜色、位置和文本属性等基本信息。
- CSS 2.0：发布于 1998 年 5 月，这个版本提供了比 CSS 1.0 更强的 XML 和 HTML 文档的格式化功能。例如，元素的扩展定位与可视格式化、页面格式与打印支持和声音样式单等。这个版本的 CSS 也是第一个被广泛使用的版本。
- CSS 2.1：由于当时浏览器支持性不太好，存在各种各样的漏洞，使开发一个跨平台且表现一致的网页十分困难，故 W3C 于 2007 年发布了 CSS 2.1，是 CSS 2.0 修订的第一版，纠正了 CSS 2.0 中的一些错误，删除和修改了一些属性和行为，2011 年 6 月成为标准。

3.3 CSS 样式单的使用方式

CSS 样式单可以增强 HTML 文档的显示效果，为了在 HTML 中使用 CSS 样式单，通常有以下 4 种方式。

- 引入外部样式文件：通过<link>元素引入外部样式文件，外部样式文件通常是 CSS 后缀的文件，这种方式的优点是样式文件与 HTML 文档分离，一份样式文件可以用于多份 HTML 文档，重用性较好。其基本格式如下：

```
<link type="text/css" rel="stylesheet" href="CSS 样式文件的 URL" />
```

- 导入外部样式文件：通过<style>元素使用@import 导入，效果与引入外部样式文件相同。其基本格式如下：

```
<style type="text/css">
    @import "CSS 样式文件的 URL";
</style>
```

- 使用内部样式定义：直接将 CSS 样式单写在<style>元素中作为元素的内容。这种写法重用性差，有时还会导致 HTML 文档过大，当重复的 CSS 代码在不同的 HTML 文档中存在时，必然导致大量的重复下载。在希望某些 CSS 仅对某个页面有效时，通常会采用这种形式。其基本格式如下：

```
<style type="text/css">
    div {
        background-color: #336699;
        width: 400px;
        height: 400px;
    }
</style>
```

- 使用内联样式定义：将 CSS 样式单写到元素的通用属性 style 中，这种方式只对单个元素有效，不会影响整个文件，可以精准地控制 HTML 文档的显示效果。其基本格式如下：

```
<div style="background-color:#336699;
width:400px;
height:400px;">
</div>
```

3.4 CSS 的两个特性

CSS 的第一个特性是“层叠”，也就是说，一个 HTML 文档可能会使用多种 CSS 样式单，细化到某元素来说，会层叠多层样式单，但生效的总会有一个顺序，即样式生效的优先级如下：

内联样式→内部样式→外部样式→浏览器默认效果

当某元素层叠到的样式单较多时，我们通常会对样式单进行权重排序，计算方式如下：从 0 开始，一个行内样式加 1000，一个 id 加 100，一个属性选择器/class 或者伪类加 10，一个元素名或者伪元素加 1。

例如，body #content .data img:hover 选择器，#content 是一个 id 选择器加 100，.data 是一个类选择器加 10，:hover 是伪类选择器加 10，body 和 img 是元素各加 1，最终权重值为 0122。针对某元素，在不同的权重选择器中，权重值高的选择器才会生效；如果是相同的权重，后出现的选择器生效。

CSS 的第二个特性是“继承”，继承指的是特定的 CSS 属性可以从父元素向下传递到子元素。

```
继承示例代码：
<!DOCTYPE HTML PUBLIC "-//W3C//DTD HTML 4.01//EN" "http://www.w3.org/TR/html4/strict.dtd">
```

```
<html>
    <head>
        <meta http-equiv="content-type" content="text/html; charset=utf-8">
        <title>继承</title>
    </head>
    <body>
        <span><cite>北京欢迎你</cite>是北京奥运会宣传曲</span>
        <br />
        <span style="font-size: 30px;"><cite>北京欢迎你</cite>是北京奥运会宣传
曲</span>
    </body>
</html>
```

上述代码并没有为<cite>元素使用样式，但继承了<span>的样式，字体也会跟着变大，运行结果如下图所示。

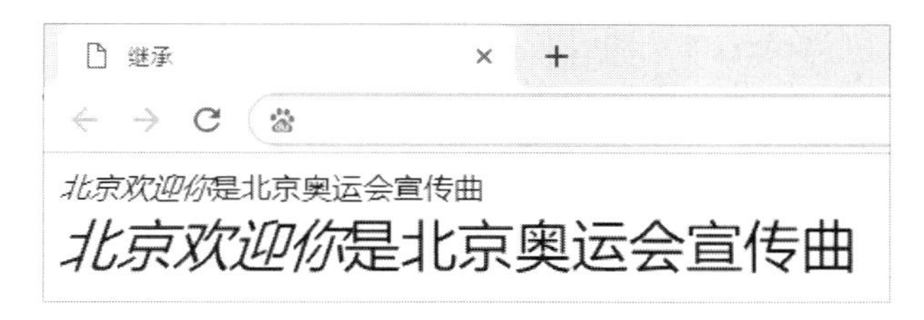

文字样式属性中 color、text-开头的、line-开头的、font-开头的、word-space 等都能够继承；所有的表格属性样式都可以被继承；所有关于盒子的、定位的、布局的属性都不能继承。下面会展开介绍。

3.5　CSS 的基本语法

CSS 由两部分组成：

selector {property1:value1; property2:value2; property3:value3; …}

其中，selector 被称为选择器，选择器决定了样式定义对哪些元素生效。property:value 被称为样式，每一条样式都决定了目标元素将会发生的变化。样式在实际编写中有以下几点需要注意。

（1）一般来说，一行定义一条样式，每条声明末尾都需要加上分号。

（2）CSS 对大小写不敏感，但在实际编写中，推荐属性名和属性值皆用小写。但存在一个例外情况：如果涉及与 HTML 文档一起工作，那么 class 和 id 名称对大小写是敏感的。正是因为如此，W3C 推荐 HTML 文档中用小写进行命名。

具有相同样式的选择器，可以将这一系列的选择器分成一个组，用逗号将每个选择器隔开。例如：

```
h1, h2, h3, h4, h5, h6 {
    color:green;
}
```

3.6 CSS 的选择器

CSS 选择器用于指明样式对哪些元素生效。需要明确的是，一个选择器可能会出现多个元素，但生效的只会是多个元素中的一个，其他元素和符号都可以视为条件。

3.6.1 元素选择器

元素选择器是最简单的选择器，选择器通常是某个 HTML 元素，如 p、h1、em、a，甚至可以是 HTML 本身。其写作格式如下：

E {property1:value1; property2:value2; property3:value3; …}

```
元素选择器示例代码：
<!DOCTYPE HTML PUBLIC "-//W3C//DTD HTML 4.01//EN" "http://www.w3.org/TR/
html4/strict.dtd">
<html>
    <head>
        <meta http-equiv="content-type" content="text/html; charset=utf-8">
        <title>元素选择器</title>
        <style type="text/css">
            h1 {
                color: red;
            }
        </style>
    </head>
    <body>
        <h1>HTML 基础</h1>
        <p>HTML，超文本标记语言（HyperText Markup Language，简称 HTML）。</p>
    </body>
</html>
```

运行结果如下图所示。

3.6.2 通配符选择器

通配符选择器（Universal Selector）也是一种简单选择器，用“*”表示，一般称之为通配符，表示对任意元素都有效。其写作格式如下：

* {property1:value1; property2:value2; property3:value3; …}

```
通配符选择器示例代码：
<!DOCTYPE HTML PUBLIC "-//W3C//DTD HTML 4.01//EN" "http://www.w3.org/TR/
html4/strict.dtd">
<html>
    <head>
        <meta http-equiv="content-type" content="text/html; charset=utf-8">
        <title>通配符选择器</title>
        <style type="text/css">
            * {
                color: red;
            }
        </style>
    </head>
    <body>
        <h1>HTML 基础</h1>
        <p>HTML，超文本标记语言（HyperText Markup Language，简称 HTML）。</p>
    </body>
</html>
```

运行结果如下图所示。

3.6.3 属性选择器

对带有指定属性的 HTML 元素设置样式。从广义的角度来看，元素选择器是属性选择器的特例，是一种忽视指定 HTML 元素的属性选择器。其写作格式如下：

E[attribute] {property1:value1; property2:value2; property3:value3; …}

需要将属性用方括号括起来，表示这是一个属性选择器。属性选择器的语法格式共有 4 种，如下表所示。

语　法	含　义
E[attribute]	用于选取带有指定属性的元素
E[attribute=value]	用于选取带有指定属性和指定值的元素
E[attribute~=value]	用于选取属性值中包含指定值的元素，该值必须是整个单词，可以前后有空格
E[attribute|=value]	用于选取带有以指定值开头的属性值的元素，该值必须是整个单词或者后面跟着连字符“-”

```
4 种属性选择器示例代码：
<!DOCTYPE HTML PUBLIC "-//W3C//DTD HTML 4.01//EN" "http://www.w3.org/TR/
html4/strict.dtd">
<html>
    <head>
        <meta http-equiv="content-type" content="text/html; charset=utf-8">
        <title>属性选择器</title>
        <style type="text/css">
            td[lang] {
                color: red;
            }

            td[title="a"] {
                color: red;
            }

            td[title~="c"] {
                color: red;
            }

            td[title|="h"] {
                color: red;
            }
        </style>
    </head>
    <body>
        <big><b>有 lang 属性的 td 元素会被选择</b></big>
        <table border="1">
            <tr>
                <td>th[lang]</td>
                <td>无属性</td>
                <td lang="">lang=""</td>
                <td lang="en">lang="en"</td>
                <td lang="cn">lang="cn"</td>
            </tr>
        </table>
        <br />
        <big><b>title 属性值为 a 的 td 元素会被选择</b></big>
```

```
        <table border="1">
            <tr>
                <td>[title="a"]</td>
                <td>无属性</td>
                <td title="a">title="a"</td>
                <td title="a b">title="a b"</td>
                <td title="ab">title="ab"</td>
                <td title="ba">title="ba"</td>
            </tr>
        </table>
        <br />
        <big><b>title 属性值包含"c,且 c 前后只能有空格"的 td 元素会被选择</b></big>
        <table border="1">
            <tr>
                <td>[title~="c"]</td>
                <td>无属性</td>
                <td title="c">title="c"</td>
                <td title="c d">title="c d"</td>
                <td title="c-d">title="c-d"</td>
                <td title="cd">title="cd"</td>
                <td title="d c">title="d c"</td>
                <td title="dc">title="dc"</td>
            </tr>
        </table>
        <br />
        <big><b>title 属性值为"h 开头，且 h 只能为独立单词，后面可跟连字符"的 td 元素
会被选择</b></big>
        <table border="1">
            <tr>
                <td>[title|="h"]</td>
                <td>无属性</td>
                <td title="h">title="h"</td>
                <td title="h i">title="h i"</td>
                <td title="h-i">title="h-i"</td>
                <td title="hi">title="hi"</td>
                <td title="i h">title="i h"</td>
                <td title="i h j">title="i h j"</td>
            </tr>
        </table>
    </body>
</html>
```

运行结果如下图所示。

3.6.4 派生选择器/上下文选择器

派生选择器依据元素在其位置的上下文关系定义样式，在 CSS 1.0 中，这种选择器被称为上下文选择器，CSS 2.0 改名为派生选择器。通过合理地使用派生选择器，也有人将这种选择器叫作父子选择器。派生选择器大致可以分成 3 种：后代选择器、子元素选择器、相邻兄弟选择器。

3.6.4.1 后代选择器

后代选择器（Descendant Selector）可以选择某元素后代的元素，后代选择器中两个元素之间的间隔可以是无限的。其写作格式如下：

父元素 子元素 {property1:value1; property2:value2; property3:value3; …}

```
后代选择器示例代码：
<!DOCTYPE HTML PUBLIC "-//W3C//DTD HTML 4.01//EN" "http://www.w3.org/TR/
html4/strict.dtd">
<html>
    <head>
        <meta http-equiv="content-type" content="text/html; charset=utf-8">
        <title>后代选择器</title>
        <style type="text/css">
            h1 em {
                color: red;
            }
        </style>
    </head>
    <body>
        <h1><em>HTML</em>基础</h1>
        <p><em>HTML</em>,超文本标记语言(HyperText Markup Language,简称 HTML)。
</p>
    </body>
</html>
```

运行结果如下图所示。

可以看到，<p>元素中的<em>元素使用的是默认样式。

3.6.4.2　子元素选择器

子元素选择器（Child Selectors）只能选择作为某元素子元素的元素。它与后代选择器最大的不同就是元素间隔不同，后代选择器将该元素作为父元素，它所有的后代元素都是符合条件的，而子元素选择器只有相对于父元素来说的第一级子元素符合条件。其写作格式如下：

父元素 > 子元素 {property1:value1; property2:value2; property3:value3; ...}

```
子元素选择器示例代码：
<!DOCTYPE HTML PUBLIC "-//W3C//DTD HTML 4.01//EN" "http://www.w3.org/TR/html4/strict.dtd">
<html>
    <head>
        <meta http-equiv="content-type" content="text/html; charset=utf-8">
        <title>子元素选择器</title>
        <style type="text/css">
            p>em {
                color: red;
            }
        </style>
    </head>
    <body>
        <p><abbr title="HyperText Markup Language"><em>HTML</em></abbr>，超文本标记语言，简称<em>HTML</em>。</p>
    </body>
</html>
```

运行结果如下图所示。

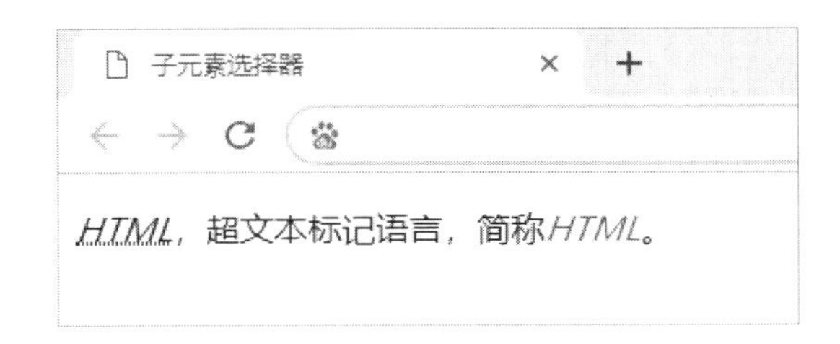

可以看到，第一个<em>元素作为第二级子元素，不符合子元素选择器的条件，所以没有变成红色字体。

3.6.4.3 相邻兄弟选择器

相邻兄弟选择器（Adjacent Sibling Selector）可以选择紧接在另一元素后的元素，且二者有相同父元素。与后代选择器和子元素选择器不同的是，相邻兄弟选择器针对的元素是同级元素，且两个元素是相邻的，拥有相同的父元素。其写作格式如下：

父元素 + 子元素 {property1:value1; property2:value2; property3:value3; …}

```
相邻兄弟选择器示例代码：
<!DOCTYPE HTML PUBLIC "-//W3C//DTD HTML 4.01//EN" "http://www.w3.org/TR/html4/strict.dtd">
<html>
    <head>
        <meta http-equiv="content-type" content="text/html; charset=utf-8">
        <title>相邻兄弟选择器</title>
        <style type="text/css">
            h1+p {
                color: red;
            }
        </style>
    </head>
    <body>
        <h1>HTML 基础</h1>
        <p>HTML，超文本标记语言（HyperText Markup Language，简称 HTML）。</p>
        <p>HTML 文档就是我们所说的网页，是互联网中最重要的信息交流媒体。</p>
    </body>
</html>
```

运行结果如下图所示。

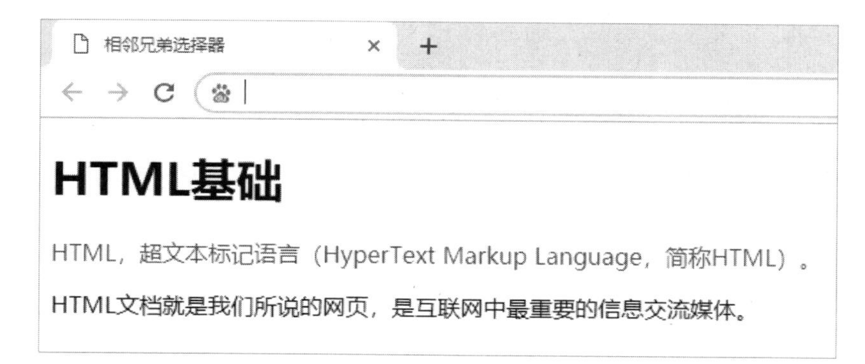

可以看到，与<h1>标签相邻的<p>元素符合条件，所以变成红色字体。而第二个<p>元素因为没有与<h1>相邻，所以不满足选择条件。

当然，派生选择器是可以结合使用的，以相邻兄弟选择器为例：h1+p，我们可以写为

html > body h1 + p，这个选择器解释可以读成以下两种形式。

从后往前：选择紧接<h1>元素的<p>元素，这个<h1>元素包含在<body>元素中，这个<body>元素又是<html>元素的子元素。

从前往后：选择<html>的子元素<body>的后代元素<h1>的相邻元素<p>。

3.6.5 id 选择器

id 选择器可以为标有特定 id 值的 HTML 元素指定样式。其写作格式如下：

E#idValue {property1:value1; property2:value2; property3:value3; …}

严格来讲，在一份 HTML 文档中，id 值都是唯一的，因为如果出现了两个相同的 id 值，JavaScript 只会取第一个具有该 id 值的元素。id 值通常是以字母开始的，中间可以出现数字、“-”和“_”等。如果用数字开头，某些 XML 解析器会出现问题，id 值不能出现空格，因为这在 JavaScript 中不是一个合法的变量名。同样，name、class 等属性值的书写规范与 id 值是一样的，不同的是它们不具备唯一性。

由于 id 的唯一性，因此通常会将 E 省略。id 选择器虽然已经很明确地选择了某元素，但它依然可以用于其他选择器。例如，用在派生选择器中，可以选择该元素的后代元素或者子元素等。

```
id 选择器示例代码：
<!DOCTYPE HTML PUBLIC "-//W3C//DTD HTML 4.01//EN" "http://www.w3.org/TR/html4/strict.dtd">
<html>
    <head>
        <meta http-equiv="content-type" content="text/html; charset=utf-8">
        <title>id 选择器</title>
        <style type="text/css">
            #p_title,
            #p_content abbr {
                color: red;
            }
        </style>
    </head>
    <body>
        <p id="p_title">HTML 基础</p>
        <p  id="p_content"><abbr  title="HyperText  Markup  Language">HTML</abbr>，超文本标记语言。HTML 文档就是我们所说的网页，是互联网中最重要的信息交流媒体。</p>
    </body>
</html>
```

运行结果如下图所示。

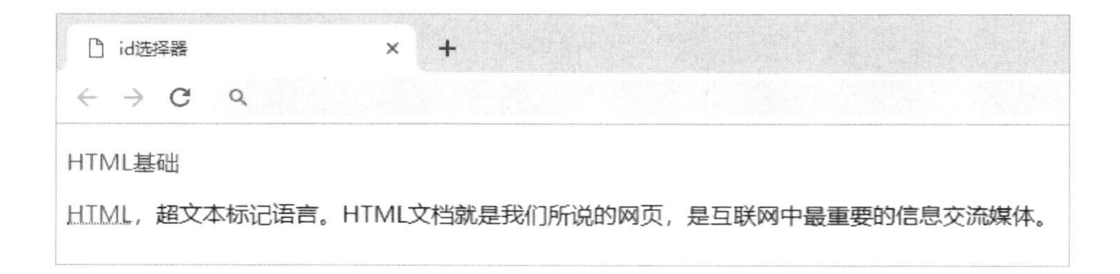

3.6.6 类选择器

类选择器可以为指定 class 的 HTML 元素指定样式。其写作格式如下：

E.classValue {property1:value1; property2:value2; property3:value3; ...}

元素 E 可以省略，省略后表示在所有的元素中筛选，有相同的 class 属性将会被选择。如果指定某类型元素的相同 class 属性，那么需要指定 E 的元素名称，如.important 和 p.important。

class 属性值除了不具有唯一性，其他规范与 id 值相同，即通常是以字母开头的，值不能出现空格。

类选择器也可以配合派生选择器，与 id 选择器不同的是，元素可以基于它的类而被选择。

```
类选择器示例代码:
<!DOCTYPE HTML PUBLIC "-//W3C//DTD HTML 4.01//EN" "http://www.w3.org/TR/html4/strict.dtd">
<html>
    <head>
        <meta http-equiv="content-type" content="text/html; charset=utf-8">
        <title>类选择器</title>
        <style type="text/css">
            .important {
                color: red;
            }

            p.important {
                color: blue;
            }
        </style>
    </head>
    <body>
        <h1 class="important">HTML 的历史</h1>
        <p>HTML(第一版):在 1993 年 6 月作为互联网工程工作小组(IETF)工作草案发布</p>
        <p>HTML 2.0: 1995 年 11 月作为 RFC 1866 发布。</p>
        <p>HTML 3.2: 1997 年 1 月 14 日，W3C 推荐标准。</p>
        <p>HTML 4.0: 1997 年 12 月 18 日，W3C 推荐标准。</p>
        <p class="important">HTML 4.01: 1999 年 12 月 24 日，W3C 推荐标准，是现在
```

```
开发者广泛使用的版本</p>
    </body>
</html>
```

运行结果如下图所示。

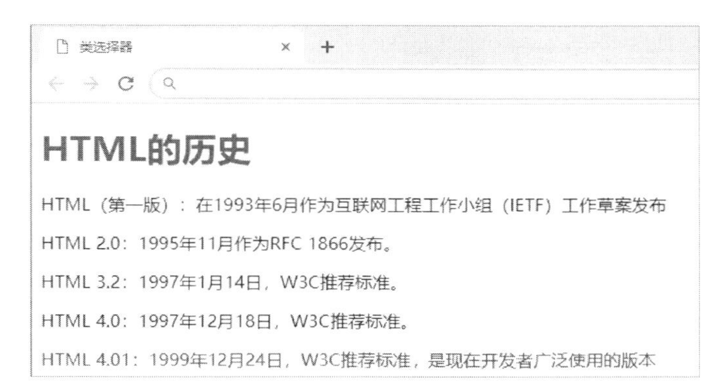

3.6.7　伪类选择器

在选取元素时，CSS 除了可以根据元素名、id、class、属性选取元素，还可以根据元素的特殊状态选取元素，即伪类选择器和伪元素选择器。

伪类是指那些处在特殊状态的元素。伪类名可以单独使用，泛指所有元素，也可以和元素名称连起来使用，特指某类元素。伪类以冒号（:）开头，元素选择符和冒号之间不能有空格，伪类名中间也不能有空格。

CSS 中常用的伪类如下表所示。

伪 类 名	含 义
:active	向被激活的元素添加样式
:focus	向拥有输入焦点的元素添加样式
:hover	向鼠标悬停在上方的元素添加样式
:link	向未被访问的链接添加样式
:visited	向已被访问的链接添加样式
:first-child	向元素添加样式，且该元素是它的父元素的第一个子元素
:lang	向带有指定 lang 属性的元素添加样式

```
示例代码:
<!DOCTYPE HTML PUBLIC "-//W3C//DTD HTML 4.01//EN" "http://www.w3.org/TR/
html4/strict.dtd">
<html>
    <head>
        <meta http-equiv="content-type" content="text/html; charset=utf-8">
        <title>CSS 伪类</title>
    </head>
    <style type="text/css">
        a:link {
```

```
            font-size: 20px;
        }

        a:hover {
            color: red;
        }

        a:active {
            font-size: 30px;
        }

        input:focus {
            background-color: yellow;
        }

        li:first-child {
            font-size: 30px;
        }
    </style>
    <body>
        <a href="http://www.baidu.com">www.baidu.com</a>
        <br />
        <a href="http://www.sohu.com">www.sohu.com</a>
        <br />
        <a href="http://www.sina.com">www.sina.com</a>
        <br />
        <form action="login" method="post">
            用户名: <input type="text" name="username" id="username" value="" />
<br />
            密 码 : <input  type="password"  name="password"  id="password"
value="" />
        </form>
        <ul>
            <li>吃</li>
            <li>喝</li>
            <li>玩</li>
            <li>乐</li>
        </ul>
        <ul>
            <li>太平洋</li>
            <li>大西洋</li>
            <li>北冰洋</li>
            <li>印度洋</li>
        </ul>
    </body>
</html>
```

运行结果如下图所示。

第一个图表示原始样式；第二个图表示鼠标悬停在“www.sina.com”，网址变红；第三个图表示“www.sina.com”被激活，字体变大；第四个图表示密码输入框获取了焦点，背景变成黄色。

3.6.8　伪元素选择器

伪元素是指那些元素中特别的内容，与伪类不同的是，伪元素表示的是元素内部的东西，逻辑上存在，但在文档树中并不存在与之对应关联的部分。伪元素选择器的格式与伪类选择器一致。在 CSS 中常用的伪元素如下表所示。

伪元素名	含　义
:first-letter	向文本的第一个字母添加样式
:first-line	向文本的第一行添加样式
:after	在元素之后添加内容
:before	在元素之前添加内容

示例代码：

```
<!DOCTYPE HTML PUBLIC "-//W3C//DTD HTML 4.01//EN" "http://www.w3.org/TR/html4/strict.dtd">
<html>
    <head>
        <meta http-equiv="content-type" content="text/html; charset=utf-8">
        <title>CSS 伪元素</title>
    </head>
    <style type="text/css">
        p:first-child:first-letter {
            color: #ff0000;
            font-size: xx-large;
        }

        p:first-child:first-line {
            color: #0000ff;
            font-variant: small-caps;
        }
```

```
        div:first-line{
            color: #0000ff;
            font-variant: small-caps;
        }

        h1:before {
            content: url(https://ss0.bdstatic.com/5aV1bjqh_Q23odCf/static/
superman/img/logo_top_86d58ae1.png);
        }

        h2:after {
            content: url(https://ss0.bdstatic.com/5aV1bjqh_Q23odCf/static/
superman/img/logo_top_86d58ae1.png);
        }
    </style>
    <body>
        <p>北京欢迎你</p>
        <p>北京欢迎你</p>
        <div>
            北京欢迎你<br/>
            北京欢迎你
        </div>
        <h1>百度</h1>
        <h2>百度</h2>
    </body>
</html>
```

运行结果如下图所示。

3.7 CSS 的属性

3.7.1 CSS 背景属性

CSS 允许为任何元素添加纯色作为背景，也允许使用图像作为背景，并且可以精准地控制背景图像，以达到精美的效果。CSS 背景属性如下表所示。

属　　性	含　　义	属 性 值	继　　承
background-color	定义背景颜色	颜色名/十六进制数/rgb 函数/transparent/inherit	否
background-image	定义背景图片	none/inherit/url（图片的 URL）	否
background-repeat	定义背景图片是否重复及其重复方式	repeat/repeat-x/repeat-y/no-repeat/inherit	否
background-attachment	定义背景图片是否跟随内容滚动	scroll/fixed/inherit	否
background-position	定义背景图片的水平位置和垂直位置	位置参数/长度/百分比	否
background	可以用一条样式定义各种背景属性	以上 5 个背景属性值	否

3.7.1.1 background-color

background-color 用于设置背景颜色，初始值为 transparent（透明色）。既可以用 inherit 从父元素继承 background-color 属性设置，也可以直接取想要的颜色，颜色取值有以下 3 种方法。

- 颜色名。CSS 颜色规范中定义了 147 种颜色名，其中有 17 种标准颜色和 130 种其他颜色，常用的 17 种标准颜色包括 aqua（水绿色）、black（黑色）、blue（蓝色）、fuchsia（紫红）、gray（灰色）、green（绿色）、lime（石灰）、maroon（褐红色）、navy（海军蓝）、olive（橄榄色）、orange（橙色）、purple（紫色）、red（红色）、silver（银色）、teal（青色）、white（白色）、yellow（黄色）。
- 十六进制颜色。每一种颜色也可以被解释为十六进制颜色，十六进制颜色写为#RRGGBB，其中的 RR（红色）、GG（绿色）、BB（蓝色）十六进制整数规定了颜色的成分，最大为 ff，最小为 00。红、绿、蓝被称为计算机三原色光，通过三原色光可以混合出所有的颜色。有时#RRGGBB 会简写成#RGB，此时，最大为 f，最小为 0。例如，#ff0000（红色，同 red），#808080（灰色，同 gray），#0f0（绿色，同 green）。
- rgb 函数。rgb 函数中是这样规定的：rgb(red, green, blue)，其中 red、green、blue 定义了颜色的强度，值可以是 0～255，也可以是 0～100%。例如，rgb(255,0,0)（红色，同#ff0000、red），rgb(0,100%,0)（绿色，同#00ff00、green）。

```
示例代码：
<!DOCTYPE HTML PUBLIC "-//W3C//DTD HTML 4.01//EN" "http://www.w3.org/TR/html4/strict.dtd">
<html>
    <head>
        <meta http-equiv="content-type" content="text/html; charset=utf-8">
        <title>background-color</title>
    </head>
    <body>
        <table border="1">
            <tr>
```

```
                <td style="background-color: red;">红色</td>
                <td style="background-color: #ffff00 ;">黄色</td>
                <td style="background-color: rgb(128,128,128);">灰色</td>
            </tr>
        </table>
    </body>
</html>
```

运行结果如下图所示。

3.7.1.2 background-image 和 background-repeat

background-image 用于设置元素的背景图片，默认值为 none（不显示背景图片）。如果设置了图片的 URL，格式为 url（图片的 URL），则会从元素的左上角开始放置背景图片，并沿着 x 轴和 y 轴平铺，占满元素的全部尺寸。通常需要配合 background-repeat 控制图像的平铺。

background-repeat 默认值为 repeat，即图像沿着 x 轴和 y 轴平铺，还可以指定沿着 x 轴平铺 repeat-x，沿着 y 轴平铺 repeat-y，或者不平铺 no-repeat，继承父元素该属性设置 inherit。

```
示例代码：
<!DOCTYPE HTML PUBLIC "-//W3C//DTD HTML 4.01//EN" "http://www.w3.org/TR/html4/strict.dtd">
<html>
    <head>
        <meta http-equiv="content-type" content="text/html; charset=utf-8">
        <title>background-image 和 background-repeat</title>
    </head>
    <body>
        <table border="1">
            <div style="width: 200px;height: 200px;background-image: url(https://ss0.bdstatic.com/5aV1bjqh_Q23odCf/static/superman/img/logo_top_86d58ae1.png);">
            </div>
            <hr />
            <div style="width: 200px;height: 200px;background-image: url(https://ss0.bdstatic.com/5aV1bjqh_Q23odCf/static/superman/img/logo_top_86d58ae1.png);background-repeat: repeat-x;">
            </div>
            <hr />
            <div style="width: 200px;height: 200px;background-image: url(https://ss0.bdstatic.com/5aV1bjqh_Q23odCf/static/superman/img/logo_top_86d
```

```
58ae1.png);background-repeat: repeat-y;">
            </div>
            <hr />
            <div style="width: 200px;height: 200px;background-image: url
(https://ss0.bdstatic.com/5aV1bjqh_Q23odCf/static/superman/img/logo_top_86d
58ae1.png);background-repeat: no-repeat;">
            </div>
            <hr />

        </table>
    </body>
</html>
```

运行结果如下图所示。

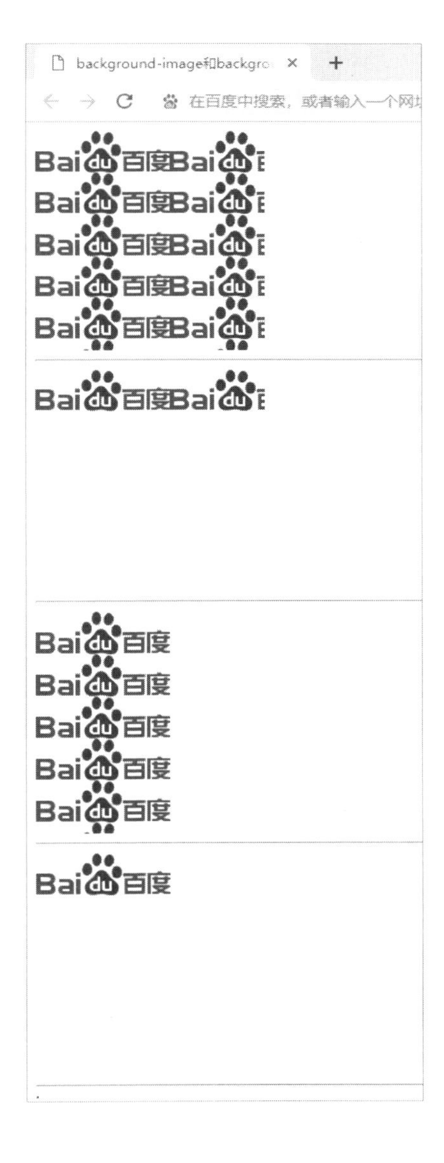

3.7.1.3 background-attachment

background-attachment 用于设置背景图像是否固定或者随着页面的其余部分滚动。初始值为 scroll，表示背景图片会随着页面其余部分的滚动而滚动。还可以设置为 fixed，表示当页面其余部分滚动时，背景图像不会滚动。也可以设置 inherit 继承父元素的 background-attachment 设置。

3.7.1.4 background-position

background-position 用于设置背景图像原点的位置，如果图像需要平铺，则从这一点开始平铺，默认值为左上角零点位置，写作 0 0。它的值有以下 3 种写法。

- 位置参数：x 轴有 3 个参数，分别是 left、center、right；y 轴同样有 3 个参数，分别是 top、center、bottom。通常，x 轴和 y 轴参数各取一个组成属性值，如 left bottom 表示左下角，right top 表示右上角。如果只给定一个值，则另一个值默认为 center。
- 百分比：写为 x% y%，第一个表示 x 轴的位置，第二个表示 y 轴的位置，左上角为 0 0，右下角为 100% 100 %。如果只给定一个值，则另一个值默认为 50%。
- 长度：写为 xpos ypos，第一个表示 x 轴离原点的长度，第二个表示 y 轴离原点的长度。其单位可以是 px 等长度单位，也可以与百分比混合使用。

```
示例代码:
<!DOCTYPE HTML PUBLIC "-//W3C//DTD HTML 4.01//EN" "http://www.w3.org/TR/html4/strict.dtd">
<html>
    <head>
        <meta http-equiv="content-type" content="text/html; charset=utf-8">
        <title>background-position</title>
    </head>
    <body>
        <div style="width: 200px;height: 200px;
            background-image: url(https://ss0.bdstatic.com/5aV1bjqh_Q23odCf/static/superman/img/logo_top_86d58ae1.png);
            background-repeat:no-repeat;
            background-position:center center;">
        </div>
        <hr />
        <div style="width: 200px;height: 200px;
            background-image: url(https://ss0.bdstatic.com/5aV1bjqh_Q23odCf/static/superman/img/logo_top_86d58ae1.png);
            background-repeat:no-repeat;
            background-position:90% 20%;">
        </div>
        <hr />
    </body>
</html>
```

运行结果如下图所示。

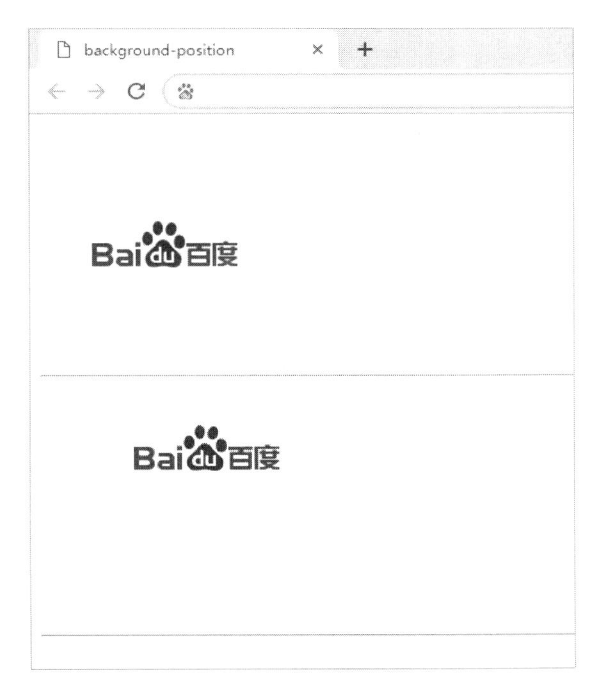

3.7.1.5 background

background 是一个简写属性，可以在一个样式中将 background-color、background-position、background-attachment、background-repeat、background-image 全部设置，也可以省略其中的某几项。将这几项的属性值直接用空格拼接，作为 background 的属性值即可。还可以直接设置 inherit，从父元素继承。

```
示例代码：
<!DOCTYPE HTML PUBLIC "-//W3C//DTD HTML 4.01//EN" "http://www.w3.org/TR/html4/strict.dtd">
<html>
    <head>
        <meta http-equiv="content-type" content="text/html; charset=utf-8">
        <title>background</title>
    </head>
    <body>
        <div style="width: 200px;height: 200px;
        background: #ffff00 url(https://ss0.bdstatic.com/5aV1bjqh_Q23odCf/static/superman/img/logo_top_86d58ae1.png) no-repeat;">
        </div>
        <hr />
        <div style="width: 200px;height: 200px;
         background: url(https://ss0.bdstatic.com/5aV1bjqh_Q23odCf/static/superman/img/logo_top_86d58ae1.png) no-repeat 50% 50%;">
        </div>
```

```
        <hr />
    </body>
</html>
```

运行结果如下图所示。

3.7.2 CSS 字体属性

HTML 最核心的内容还是以文本内容为主，CSS 也为 HTML 的文字设置了字体属性，不仅可以更换不同的字体，还可以设置文字的风格等。CSS 中常用字体属性如下表所示。

属　性	含　义	属 性 值	继　承
font-family	定义文本的字体系列	字体名称/字体系列/inherit	是
font-size	定义文本的字体尺寸	绝对大小/相对大小/长度/百分比/inherit	是
font-style	定义文本的字体是否是斜体	normal/italic/oblique/inherit	是
font-variant	定义是否以小型大写字母的字体显示文本	normal/small-caps/inherit	是
font-weight	定义字体的粗细	normal/bold/bolder/lighter/100/200/300/400/500/600/700/800/900/inherit	是
font	可以用一条样式定义各种字体属性	以上 5 个属性值	是

3.7.2.1 font-family

font-family 用于设置元素的字体，该元素属性值一般可以设置多个字体，如果浏览器不支持第一个，则会尝试下一个。可以理解成它是用于设置元素字体的优先级列表，浏览器会使用它第一个可用的字体。如果字符名出现了空格，则需要用引号将其括起来。

3.7.2.2 font-size

font-size 用于设置字体的尺寸，实际上它设置的是字体中字符框的高度；实际的字符字形可能比这些框高或者低。它的取值有以下几种。

- 绝对大小：将字体设置为不同的尺寸，默认值为 medium，取值范围从 xx-small 到 xx-large，分别是 xx-small、x-small、small、medium、large、x-large、xx-large。
- 相对大小：设置的尺寸是相对于父元素而言的，取值为 smaller 或者 larger。
- 长度：设置成一个固定的值。
- 百分比：设置的尺寸是基于父元素的一个百分比。

3.7.2.3 font-style

font-style 用于设置字体是否是斜体，默认值为 normal，显示效果为标准效果；可以设置为 italic，显示为一个斜体的样式；可以设置为 oblique，显示为一个倾斜的样式。italic 和 oblique 显示效果差不多，主要区别是有些字体只有设置 oblique 才能显示斜体，有些字体只有设置 italic 才能显示斜体。

3.7.2.4 font-variant

font-variant 用于设置字体使用小写字体，默认为 normal，一旦设置为 small-caps，这将意味着所有的小写字母均会被转换为大写，但是所有使用小型大写字体的字母与其余文本相比，其字体尺寸更小。

3.7.2.5 font-weight

font-weight 用于设置字体的粗细，默认值为 normal，等同于 400，显示为正常粗细；通常粗体用 bold，等同于 700；bolder 是更粗的字体，lighter 是更细的字体。

3.7.2.6 font

font 是一个简写属性，可以在一个样式中将 font-family、font-size、font-style、font-variant、font-weight 全部设置，也可以省略其中的某几项。将这几项的属性值直接用空格拼接，作为 font 的属性值即可。还可以直接设置 inherit，从父元素继承。

```
示例代码：
<!DOCTYPE HTML PUBLIC "-//W3C//DTD HTML 4.01//EN" "http://www.w3.org/TR/
html4/strict.dtd">
<html>
    <head>
```

```
        <meta http-equiv="content-type" content="text/html; charset=utf-8">
        <title>CSS 字体属性</title>
    </head>
    <body>
        <p style="font-family: FangSong;font-size: 20px;">
            <span style="font-family:SimHei;font-size: xx-large;">从前有一座
山，</span>
            <span style="font-family: LiSu,KaiTi;font-size: 20%;">山里有一个
庙，</span>庙里有一个老和尚，给小和尚讲故事。故事讲的是：<br />
            <span style="font-size: smaller;">从前有一座山，</span>
            <span style="font-style: oblique;">山里有一个庙，</span>
            <span style="font-style: italic;">庙里有一个老和尚，</span>...
            <br />
            <span>abcdefg ABCDEFG</span><br />
            <span style="font-variant: small-caps;">abcdefg ABCDEFG</span>
<br />
            <span>故事讲完了，谢谢欣赏！</span><br />
            <span style="font-weight: 200;">故事讲完了，谢谢欣赏！</span><br />
            <span style="font-weight: bold;">故事讲完了，谢谢欣赏！</span><br />
            <span style="font:italic 40px blod SimHei;">请问，国王陛下，对我的
故事还满意否？</span>

        </p>
    </body>
</html>
```

运行结果如下图所示。

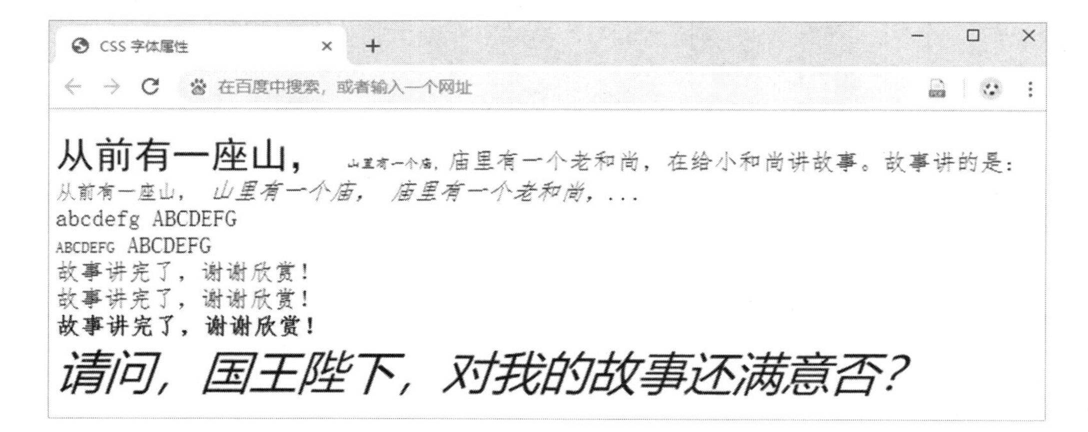

3.7.3 CSS 文本属性

我们经常需要控制 HTML 网页中文本的颜色、对齐方式、换行风格等显示效果，这些效果都是由 CSS 文本属性控制的，CSS 中常用文本属性如下表所示。

属　　性	含　　义	属　性　值	继　承
color	定义文本的颜色	颜色名/十六进制数/rgb 函数/transparent/inherit	是
direction	定义文本方向或者书写方向	ltr/rtl/inherit	是
letter-spacing	定义字符的间距	normal/长度/inherit	是
line-height	定义文本的行高	normal/number/长度/百分比/inherit	是
text-align	定义文本的水平对齐方式属性	left/right/center/inherit	是
text-decoration	为文本添加装饰效果	none/underline/overline/line-through/blink/inherit	是
text-indent	定义文本的首行缩进方式	长度/百分比/inherit	是
text-shadow	为文本添加阴影效果	x-position/y-position/blur/color	是
text-transform	切换文本的大小写	none/capitalize/uppercase/lowercase/inherit	是
white-space	设置如何处理元素内的空白	normal/pre/nowrap/inherit	是
word-spacing	定义单词之间的距离	normal/长度/inherit	是

3.7.3.1　color

color 用于设置文本的颜色，颜色取值前面已经介绍过，既可以直接写颜色名，也可以直接输入十六进制颜色值，还可以直接输入 rgb 函数值。

3.7.3.2　direction

direction 用于设置文本的方向，等同于 dir 属性，属性值同样有 ltr 和 rtl 两种。

3.7.3.3　letter-spacing

letter-spacing 用于设置字符间隔的大小，默认值为 normal，可以设置数字，正数间距变大，负数间距减小，字符甚至会挤在一起；如果设置为 0，则等同于 normal。

3.7.3.4　line-height

line-height 用于设置行高，默认值为 normal，可以使用的属性值如下表所示。

属　性　值	描　　述
normal	默认值，显示为合理的行间距
number	数字，可以是小数，此数字会与当前的字体尺寸相乘设置行间距
长度	设置固定的行间距
百分比	基于当前字体尺寸的百分比设置行间距
inherit	从父元素继承 line-height 设置

示例代码：

```
<!DOCTYPE HTML PUBLIC "-//W3C//DTD HTML 4.01//EN" "http://www.w3.org/TR/html4/strict.dtd">
<html>
    <head>
        <meta http-equiv="content-type" content="text/html; charset=utf-8">
        <title>CSS 文本属性</title>
    </head>
    <body>
        <p>吾乃燕人张翼德！谁敢上前与我一战？</p>
```

```
        <p style="color: red;">吾乃燕人张翼德！谁敢上前与我一战？</p>
        <p style="direction: rtl;">吾乃燕人张翼德！谁敢上前与我一战？</p>
        <p style="letter-spacing: -5px;">吾乃燕人张翼德！谁敢上前与我一战？</p>
        <p style="letter-spacing: 10px;">吾乃燕人张翼德！谁敢上前与我一战？</p>
        <p>吾乃燕人张翼德！<br />谁敢上前与我一战？</p>
        <p style="line-height: 1.5;">吾乃燕人张翼德！<br />谁敢上前与我一战？</p>
        <p style="line-height: 200%;">吾乃燕人张翼德！<br />谁敢上前与我一战？
</p>
        <p style="line-height: 5px;">吾乃燕人张翼德！<br />谁敢上前与我一战？</p>
    </body>
</html>
```

运行结果如下图所示。

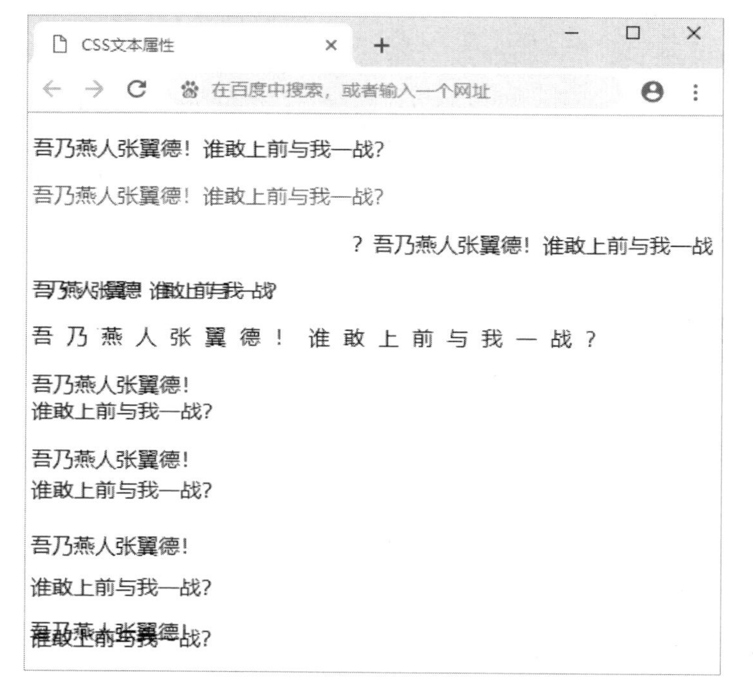

3.7.3.5　text-align

text-align 用于设置元素中文本的水平对齐方式，它的属性值主要有 left（左对齐）、right（右对齐）、center（居中）、inherit。该属性默认值受 direction 影响，如果 direction 属性是 ltr，则默认值是 left；如果 direction 是 rtl，则默认值是 right。

3.7.3.6　text-decoration

text-decoration 用于为文本添加装饰，它可以设置的装饰主要有 underline（添加下画线）、overline（添加上画线）、line-through（添加删除线）、blink（添加闪烁的效果）、none（无任何添加装饰）、inherit。其中，none 为默认值。值得注意的是，blink 支持性较差，所以不建议使用。

```
示例代码：
<!DOCTYPE HTML PUBLIC "-//W3C//DTD HTML 4.01//EN" "http://www.w3.org/TR/html4/strict.dtd">
<html>
    <head>
        <meta http-equiv="content-type" content="text/html; charset=utf-8">
        <title>CSS 文本属性</title>
    </head>
    <body>
        <p style="text-align: left;">吾乃燕人张翼德！谁敢上前与我一战？</p>
        <p style="text-align: right;">吾乃燕人张翼德！谁敢上前与我一战？</p>
        <p style="text-align: center;">吾乃燕人张翼德！谁敢上前与我一战？</p>

        <p style="text-decoration: overline;">吾乃燕人张翼德！谁敢上前与我一战？</p>
        <p style="text-decoration: line-through;">吾乃燕人张翼德！谁敢上前与我一战？</p>
        <p style="text-decoration: underline;">吾乃燕人张翼德！谁敢上前与我一战？</p>

    </body>
</html>
```

运行结果如下图所示。

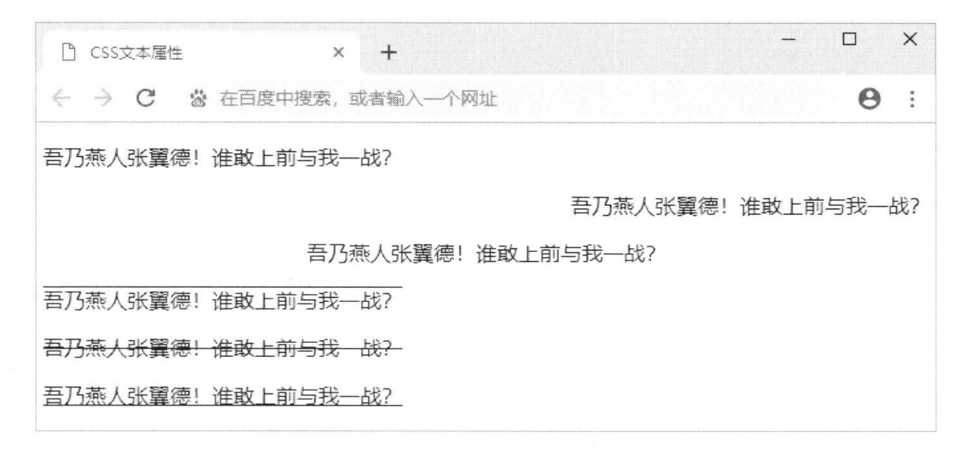

3.7.3.7 text-indent

text-indent 用于设置文本块首行文本的缩进，它的属性值可以是固定的长度值，也可以是相对于父元素宽度的百分比，默认值为 0。

```
示例代码：
<!DOCTYPE HTML PUBLIC "-//W3C//DTD HTML 4.01//EN" "http://www.w3.org/TR/html4/strict.dtd">
<html>
    <head>
```

```
        <meta http-equiv="content-type" content="text/html; charset=utf-8">
        <title>CSS 文本属性</title>
    </head>
    <body>
        <p style="text-indent: 50px;">关关雎鸠，在河之洲。窈窕淑女，君子好逑。参差荇菜，左右流之。窈窕淑女，寤寐求之。求之不得，寤寐思服。悠哉悠哉，辗转反侧。参差荇菜，左右采之。窈窕淑女，琴瑟友之。参差荇菜，左右芼之。窈窕淑女，钟鼓乐之。</p>
        <p style="text-indent: 30%;">关关雎鸠，在河之洲。窈窕淑女，君子好逑。参差荇菜，左右流之。窈窕淑女，寤寐求之。求之不得，寤寐思服。悠哉悠哉，辗转反侧。参差荇菜，左右采之。窈窕淑女，琴瑟友之。参差荇菜，左右芼之。窈窕淑女，钟鼓乐之。</p>
    </body>
</html>
```

运行结果如下图所示。

CSS文本属性

关关雎鸠，在河之洲。窈窕淑女，君子好逑。参差荇菜，左右流之。窈窕淑女，寤寐求之。求之不得，寤寐思服。悠哉悠哉，辗转反侧。参差荇菜，左右采之。窈窕淑女，琴瑟友之。参差荇菜，左右芼之。窈窕淑女，钟鼓乐之。

关关雎鸠，在河之洲。窈窕淑女，君子好逑。参差荇菜，左右流之。窈窕淑女，寤寐求之。求之不得，寤寐思服。悠哉悠哉，辗转反侧。参差荇菜，左右采之。窈窕淑女，琴瑟友之。参差荇菜，左右芼之。窈窕淑女，钟鼓乐之。

3.7.3.8 text-shadow

text-shadow 用于设置文本的阴影，普通文本默认是没有阴影的。一条阴影的属性值有 4 个属性，即 x-position、y-position、blur、color。其中，x-position 为阴影在 x 轴方向上偏移的距离，可以为负数，负数表示向左偏移；y-position 表示阴影在 y 轴方向上偏移的距离，可以为负数，负数表示向上偏移；blur 表示向周围模糊的程度，模糊的距离越大，模糊的程度也就越大；color 表示阴影的颜色；4 个参数中，x-position 和 y-position 是必需的。

text-shadow 可以添加多个阴影，这时属性值就是逗号分隔的阴影列表。

```
示例代码：
<!DOCTYPE HTML PUBLIC "-//W3C//DTD HTML 4.01//EN" "http://www.w3.org/TR/html4/strict.dtd">
<html>
    <head>
        <meta http-equiv="content-type" content="text/html; charset=utf-8">
        <title>CSS 文本属性</title>
    </head>
    <body>
        <p style="font-size: 30px;
```

```
        color: gold;
        text-shadow:  5px  5px  3px,10px  10px  5px  #EEE8AA,  15px  15px  8px
#FFFACD,0-35px red;">如朕亲临</p>
    </body>
</html>
```

运行结果如下图所示。

3.7.3.9　text-transform

text-transform 用于设置文本的大小写，这个属性会改变文字的大小写，不会考虑源文件中的大小写。它的属性值可以是 capitalize（文本中每个单词以大写字母开头）、uppercase（全部大写字母）、lowercase（全部小写字母）、none（和源文件保持一致）、inherit，默认值为 none。

```
示例代码：
<!DOCTYPE HTML PUBLIC "-//W3C//DTD HTML 4.01//EN" "http://www.w3.org/TR/
html4/strict.dtd">
<html>
    <head>
        <meta http-equiv="content-type" content="text/html; charset=utf-8">
        <title>CSS 文本属性</title>
    </head>
    <body>
        <p>I think the future of HTML would be unlimited potential.</p>
        <p style="text-transform: capitalize;">I think the future of HTML
would be unlimited potential.</p>
        <p style="text-transform: uppercase;">I think the future of HTML
would be unlimited potential.</p>
        <p style="text-transform: lowercase;">I think the future of HTML
would be unlimited potential.</p>
    </body>
</html>
```

运行结果如下图所示。

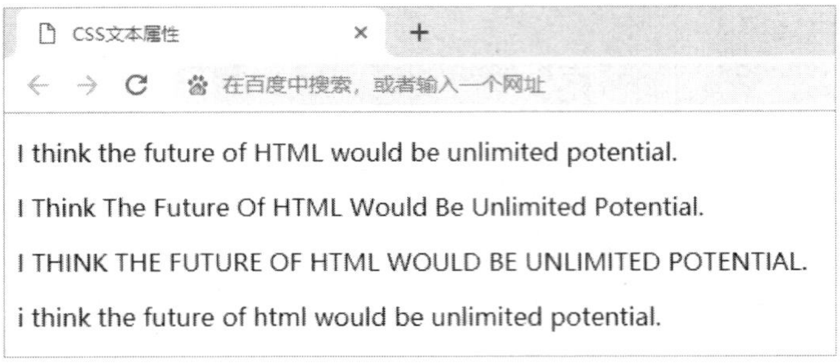

CSS文本属性

在百度中搜索，或者输入一个网址

I think the future of HTML would be unlimited potential.

I Think The Future Of HTML Would Be Unlimited Potential.

I THINK THE FUTURE OF HTML WOULD BE UNLIMITED POTENTIAL.

i think the future of html would be unlimited potential.

3.7.3.10 white-space

white-space 用于设置元素内部的空白，它的属性值可以是 normal（空白会被浏览器忽略）、pre（等同于<pre>元素，空白会被浏览器保留）、nowrap（文本不会换行，直到遇到
）、inherit。其中，normal 为默认值。

```
示例代码：
<!DOCTYPE HTML PUBLIC "-//W3C//DTD HTML 4.01//EN" "http://www.w3.org/TR/html4/strict.dtd">
<html>
    <head>
        <meta http-equiv="content-type" content="text/html; charset=utf-8">
        <title>CSS 文本属性</title>
    </head>
    <body>
        <p>
            燕雀 安知


            鸿鹄之 志
            哉
        </p>
        <p style="white-space: pre;">
            燕雀 安知


            鸿鹄之 志
            哉
        </p>
        <p style="white-space: nowrap;">
            燕雀安知鸿鹄之志哉？燕雀安知鸿鹄之志哉？燕雀安知鸿鹄之志哉？燕雀安知鸿鹄之志哉？<br/>
            燕雀安知鸿鹄之志哉？燕雀安知鸿鹄之志哉？燕雀安知鸿鹄之志哉？燕雀安知鸿鹄之志哉？
        </p>
    </body>
</html>
```

运行结果如下图所示。

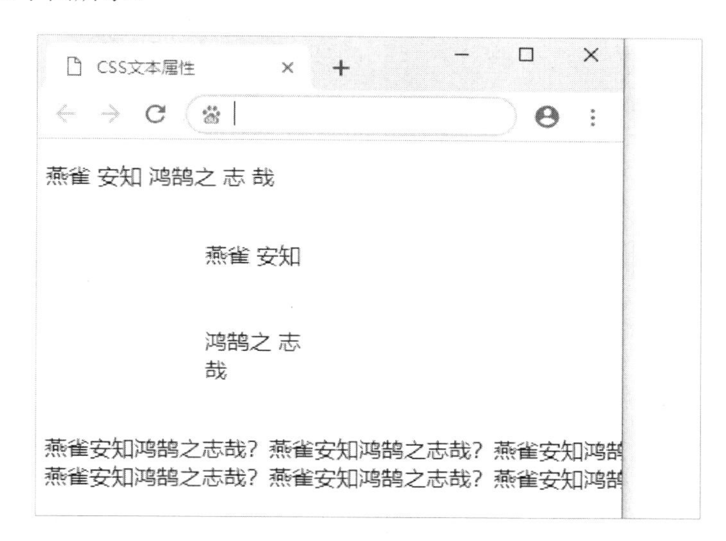

3.7.3.11 word-spacing

word-spacing 用于设置单词间的间隔，它的属性值只能为 normal 或者一个长度值，这个长度值可以是负数。word-spacing 和前面提到的 letter-spacing 有相似之处。两者不同的是 word-spacing 通常只对西文有效，而且它的间隔是单词的间隔；letter-spacing 基本上对所有的语言都有效，它的间隔是每个字符。

```
示例代码：
<!DOCTYPE HTML PUBLIC "-//W3C//DTD HTML 4.01//EN" "http://www.w3.org/TR/html4/strict.dtd">
<html>
    <head>
        <meta http-equiv="content-type" content="text/html; charset=utf-8">
        <title>CSS 文本属性</title>
    </head>
    <body>
        <p>Welcome to Beijing!</p>
        <p style="word-spacing: 10px;">Welcome to Beijing!</p>
        <p style="word-spacing: -8px;">Welcome to Beijing!</p>
        <p style="letter-spacing: 10px;">Welcome to Beijing!</p>
        <p style="letter-spacing: -8px;">Welcome to Beijing!</p>
        <hr />
        <p>北京欢迎你！</p>
        <p style="word-spacing: 10px;">北京欢迎你！</p>
        <p style="word-spacing: -8px;">北京欢迎你！</p>
        <p style="letter-spacing: 10px;">北京欢迎你！</p>
        <p style="letter-spacing: -8px;">北京欢迎你！</p>
    </body>
</html>
```

运行结果如下图所示。

3.7.4　CSS 尺寸属性

CSS 可以控制每个元素的大小、包含宽度，以及最小宽度、最大宽度、高度、最小高度、最大高度。CSS 尺寸属性如下表所示。

属　　性	含　　义	属　性　值	继　承
width	设置元素的宽度	auto/长度/百分比/inherit	否
min-width	设置元素的最小宽度	长度/百分比/inherit	否
max-width	设置元素的最大宽度	长度/百分比/inherit	否
height	设置元素的高度	auto/长度/百分比/inherit	否
min-height	设置元素的最小高度	长度/百分比/inherit	否
max-height	设置元素的最大高度	长度/百分比/inherit	否

元素的大小通常是自动的，浏览器会根据内容计算出实际的宽度和高度。正常的元素默认值分别是 width=auto;height=auto。如果手动设置了宽度和高度，则可以定制元素的大小。宽度和高度都可以设置一个最小值与一个最大值，当测量的长度超过了定义的最小值或者最大值，则直接转换成最小值或者最大值。取值方式可以是 CSS 允许的长度，如 25px；也可以是基于包含它的块级元素的百分比。

```
示例代码：
<!DOCTYPE HTML PUBLIC "-//W3C//DTD HTML 4.01//EN" "http://www.w3.org/TR/html4/strict.dtd">
<html>
    <head>
        <meta http-equiv="content-type" content="text/html; charset=utf-8">
```

```
        <title>CSS尺寸属性</title>
    </head>
    <body>
        <p>图片宽度高度均为120px<img src="./watercolor.png" /></p>
        <p>设置最大宽度 50px,小于原来宽度<img src="./watercolor.png" style=
"max-width: 50px;" /></p>
        <p>设置最小高度 150px,大于原来宽度<img src="./watercolor.png" style=
"min-height: 150px;" /></p>
        <p>设置宽度高度与标准尺寸比例不一样<img src="./watercolor.png" style=
"width: 50px; height: 80px;" /></p>
        <p>用百分比来设置宽度和高度
            <div style="width: 200px;height: 200px;">
                <img src="./watercolor.png" style="width: 80%; height: 80%;" />
            </div>
        </p>
    </body>
</html>
```

运行结果如下图所示。

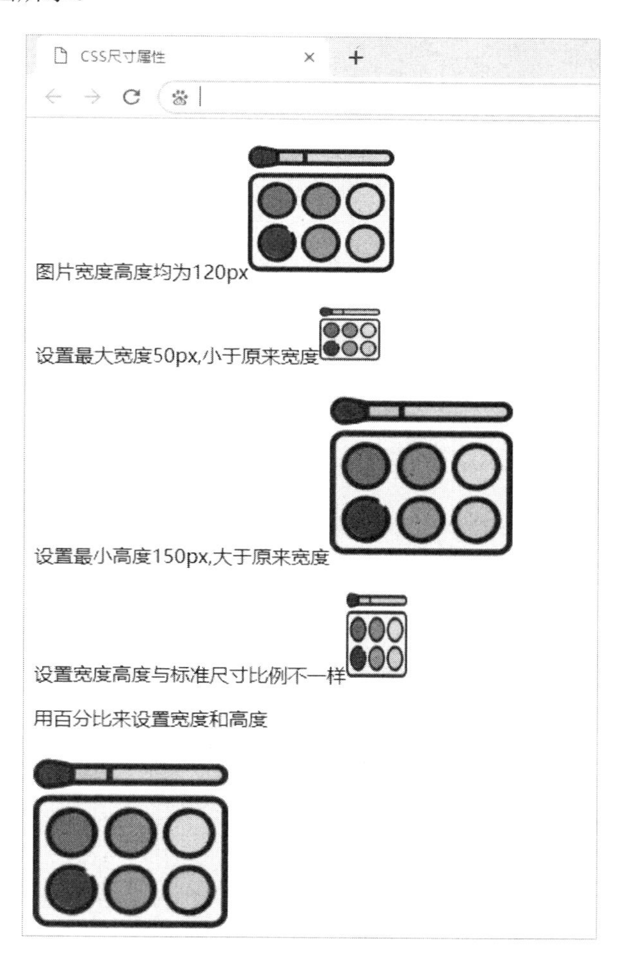

3.7.5 CSS 列表属性

CSS 列表属性用于改变列表项标记，甚至用图像作为列表项的标记。CSS 列表属性如下表所示。

属　性	含　义	属 性 值	继　承
list-style-image	设置列表项标记样式为图像	none/inherit/url（图像的 URL）	是
list-style-position	设置列表项标记的位置	inside/outside/inherit	是
list-style-type	设置列表项标记的类型	none/disc/circle/square/decimal/lower-roman/upper-roman/lower-alpha/upper-alpha 等	是
list-style	可以用一条样式定义各种列表属性	以上 3 个属性值	是

3.7.5.1 list-style-image 和 list-style-position

list-style-image 用于指定一个图像作为列表项的标记，图像相对于列表项内容的放置位置通常使用 list-style-position 属性控制。list-style-image 的默认值为 none，可以使用 URL 指定一个图像作为标记。

list-style-position 用于设置在何处放置列表项标记。list-style-position 的默认值为 outside，表示保持标记位于文本的左侧，列表项目标记放置在文本以外，且环绕文本不根据标记对齐；可以使用 inside，使列表项目标记放置在文本以内，且环绕文本根据标记对齐。

3.7.5.2 list-style-type

list-style-type 可以设置标记的类型，默认值为 disc。它可以设置的常见样式见下表。

值	描　述
disc	实心圆，默认值
circle	空心圆
square	方块
decimal	数字
low-roman	小写罗马数字
upper-roman	大写罗马数字
low-alpha	小写字母
upper-alpha	大写字母
none	无标记
inherit	继承父元素的该设置

3.7.5.3 list-style

list-style 是一个简写属性，可以在一个样式中将 list-style-image、list-style-position、list-style-type 全部设置，也可以省略其中的某几项。将这几项的属性值直接用空格拼接，作为 list-style 的属性值即可。还可以直接设置 inherit，从父元素继承。

```
    <!DOCTYPE HTML PUBLIC "-//W3C//DTD HTML 4.01//EN" "http://www.w3.org/TR/
html4/strict.dtd">
    <html>
```

```
    <head>
        <meta http-equiv="content-type" content="text/html; charset=utf-8">
        <title>CSS 列表属性</title>
    </head>
    <body>
        <ul>
            <li>水果</li>
            <li>蔬菜</li>
            <li>肉类</li>
        </ul>
        <ul  style="list-style-position:  inside;list-style-image:  url
('./bulb.png');">
            <li>水果</li>
            <li>蔬菜</li>
            <li>肉类</li>
        </ul>
        <ul style="list-style-type: decimal;">
            <li>水果</li>
            <li>蔬菜</li>
            <li>肉类</li>
        </ul>
        <ul style="list-style:square inside;">
            <li>水果</li>
            <li>蔬菜</li>
            <li>肉类</li>
        </ul>
    </body>
</html>
```

运行结果如下图所示。

3.7.6 CSS 表格属性

CSS 表格属性用于改变表格的外观。CSS 表格属性如下表所示。

属　性	含　义	属 性 值	继　承
border-collapse	设置是否合并表格边框	separate/collapse/inherit	是
border-spacing	设置相邻单元格边框之间的距离	长度　长度/inherit	是
caption-side	设置表格标题的位置	top/bottom/inherit	是
empty-cells	设置是否显示表格中空单元格上的边框和背景	show/hide/inherit	是
table-layout	设置用于表格的布局算法	auto/fixed/inherit	是

3.7.6.1 border-collapse

border-collapse 用于设置是否合并表格的边框，默认值为 separate，显示效果是分开的，不会忽略 border-spacing 和 empty-cells 属性。也可以改成 collapse，但这样会忽略 border-spacing 和 empty-cells 属性，然后将边框合并为一个单一的边框。

3.7.6.2 border-spacing

border-spacing 用于设置相邻单元格边框之间的距离。属性值可以设置一个长度，表示水平垂直间距都用这个长度；如果设置两个长度，那么第一个长度表示水平间距，第二个长度表示垂直间距。

3.7.6.3 caption-side

caption-side 用于设置表格标题的位置，默认值为 top，表示标题在表格的上方；还可以使用 bottom，表示标题在表格的下方。

3.7.6.4 empty-cells

empty-cells 用于设置是否显示表格中的空单元格，默认值为 show，表示在空单元格周围绘制边框；还可以使用 hide，表示不在空白单元格周围绘制边框。

```
示例代码：
<!DOCTYPE HTML PUBLIC "-//W3C//DTD HTML 4.01//EN" "http://www.w3.org/TR/html4/strict.dtd">
<html>
    <head>
        <meta http-equiv="content-type" content="text/html; charset=utf-8">
        <title>CSS 表格属性</title>
    </head>
    <body>
        <table border="1">
            <tr>
                <th>昨天</th>
                <th>今天</th>
                <th>明天</th>
            </tr>
```

```
            <tr>
                <td>吃饭</td>
                <td>睡觉</td>
                <td></td>
            </tr>
        </table>
        <hr />
        <table border="1" style="border-collapse: collapse;border-spacing:
10px 20px;">
            <caption>日程表</caption>
            <tr>
                <th>昨天</th>
                <th>今天</th>
                <th>明天</th>
            </tr>
            <tr>
                <td>吃饭</td>
                <td>睡觉</td>
                <td></td>
            </tr>
        </table>
        <hr />
        <table border="1" style="border-collapse: collapse;border-spacing:
10px 20px;caption-side: bottom;">
            <caption>日程表</caption>
            <tr>
                <th>昨天</th>
                <th>今天</th>
                <th>明天</th>
            </tr>
            <tr>
                <td>吃饭</td>
                <td>睡觉</td>
                <td></td>
            </tr>
        </table>
        <hr />
        <table border="1" style="border-collapse: separate;border-spacing:
10px 20px;empty-cells: hide;">
            <tr>
                <th>昨天</th>
                <th>今天</th>
                <th>明天</th>
            </tr>
            <tr>
                <td>吃饭</td>
                <td>睡觉</td>
```

```
                <td></td>
            </tr>
        </table>
    </body>
</html>
```

运行结果如下图所示。

3.7.6.5 table-layout

table-layout 用于设置表格单元格列宽的设置方式。table-layout 的默认值为 auto，表示列宽由最宽的单元格决定，这种方式在确定最终布局之前需要访问表格所有的内容，效率较低；还可以使用 fixed，表示列宽由表格宽度和列宽度决定，不受表格内容的影响，这种方式可能会产生文字重叠的问题，但效率较高。

```
示例代码：
<!DOCTYPE HTML PUBLIC "-//W3C//DTD HTML 4.01//EN" "http://www.w3.org/TR/
html4/strict.dtd">
<html>
    <head>
        <meta http-equiv="content-type" content="text/html; charset=utf-8">
        <title>CSS 表格属性</title>
    </head>
    <body>
        <table border="1" style="table-layout: auto;">
            <tr>
                <th>昨天</th>
                <th>今天</th>
```

```
            <th>明天</th>
        </tr>
        <tr>
            <td>吃饭</td>
            <td>睡觉</td>
            <td></td>
        </tr>
    </table>
    <hr />
    <table border="1" style="table-layout: fixed;" width="100px">
        <tr>
            <th width="90%">昨天</th>
            <th width="10%">今天</th>
            <th width="10%">明天</th>
        </tr>
        <tr>
            <td width="90%">吃饭</td>
            <td width="90%">睡觉</td>
            <td width="90%"></td>
        </tr>
    </table>

  </body>
</html>
```

运行结果如下图所示。

3.7.7　CSS 内容属性

content 属性通常是和:before 及:after 伪元素选择器配合使用的，用于插入生成内容，默认插入的内容将显示为行内内容。

```
示例代码：
<!DOCTYPE HTML PUBLIC "-//W3C//DTD HTML 4.01//EN" "http://www.w3.org/TR/
```

```
html4/strict.dtd">
    <html>
        <head>
            <meta http-equiv="content-type" content="text/html; charset=utf-8">
            <title>content</title>
            <style>
                h1:after {
                    content: "基础";
                }

                h2:before {
                    content: url("book.png");
                }

                a:after {
                    content: attr(href);
                }
            </style>
        </head>
        <body>
            <h1>HTML </h1>
            <h2>HTML </h2>
            <a href="https://www.w3.org/">HTML </a>
        </body>
    </html>
```

运行结果如下图所示。

3.8 CSS 盒模型

CSS 盒模型，又称框模型（Box Model），包含元素内容（content）、内边距（padding）、边框（border）、外边距（margin）几个要素，如下图所示。

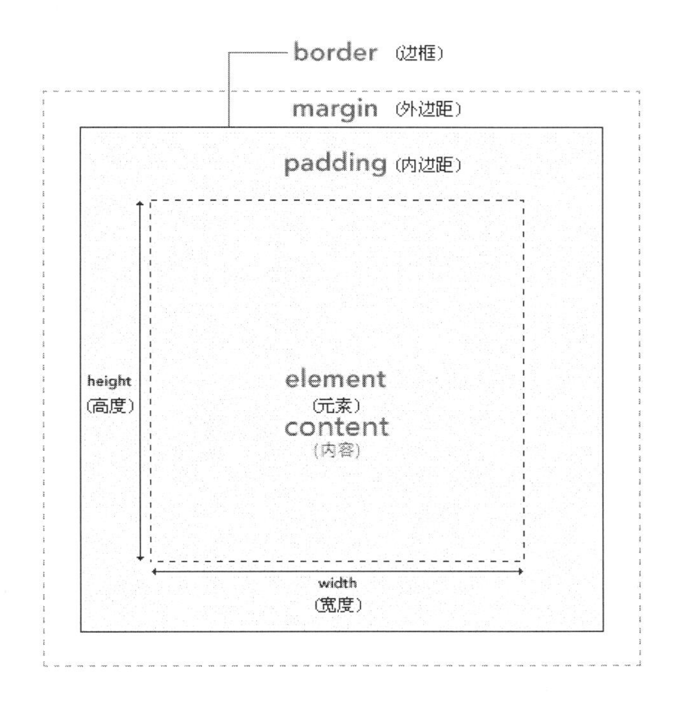

3.8.1 CSS 内边距属性

元素的内边距在边框和内容区之间。CSS 内边距常用属性如下表所示。

属　性	含　义	属 性 值	继　承
padding-top	定义元素的上内边距	长度/百分比/inherit	否
padding-right	定义元素的右内边距		
padding-bottom	定义元素的下内边距		
padding-left	定义元素的左内边距		
padding	用一个声明定义所有内边距属性	auto/长度/百分比/inherit	

控制该区域最简单的属性是 padding，按照上右下左的顺序定义，也可以省略方式定义；还可以通过 padding-top、padding-bottom、padding-left、padding-right 精准控制内边距。其属性值可以是 auto（自动）、长度（不允许使用负数）、百分比（相对于父元素宽度的比例）、inherit。

```
示例代码：
<!DOCTYPE HTML PUBLIC "-//W3C//DTD HTML 4.01//EN" "http://www.w3.org/TR/
html4/strict.dtd">
<html>
    <head>
        <meta http-equiv="content-type" content="text/html; charset=utf-8">
        <title>CSS 内边距</title>
    </head>
```

```
    <style type="text/css">
        h1.special_title{
            background-color: red;
            padding-top: 10px;
            padding-right: 0.25em;
            padding-bottom: 2ex;
            padding-left: 20%;
        }
    </style>
    <body>
        <h1>CSS 内边距</h1>
        <h1 class="special_title">CSS 内边距</h1>
    </body>
</html>
```

运行结果如下图所示。

3.8.2 CSS 值复制

在设置边距时，我们通常会按照上右下左的顺序依次输入，具体如下：

```
padding: 10px 10px 10px 10px;
```

其可以简写成如下形式：

```
padding:10px;
```

然后按照一定的顺序进行值复制，这里以 padding:10px 为例进行说明。

padding:10px 只定义了上内边距，按顺序右内边距将复制上内边距，变成如下形式：

```
padding:10px 10px;
```

padding:10px 10px 只定义了上内边距和右内边距，按顺序下内边距将复制上内边距，变成如下形式：

```
padding:10px 10px 10px;
```

padding:10px 10px 10px 只定义了上内边距、右内边距和下内边距，按顺序左内边距将复制右内边距，变成如下形式：

```
padding:10px 10px 10px 10px;
```

根据这个规则，我们可以省略相同的值。

padding:10px 5px 9px 5px 可以简写成 padding:10px 5px 9px。

padding:10px 5px 10px 5px 可以简写成 padding:10px 5px。

但 padding:10px 5px 5px 9px 和 padding:10px 10px 10px 5px 虽然出现了值重复，但没有办法简写。

3.8.3 CSS 外边距属性

元素的外边距是围绕在元素边框和元素内容之间的距离。设置外边距会在元素外创建额外的“空白”。CSS 外边距常用属性如下表所示。

属　性	含　义	属 性 值	继 承
margin-top	定义元素的上外边距	长度/百分比/inherit	否
margin-right	定义元素的右外边距		
margin-bottom	定义元素的下外边距		
margin-left	定义元素的左外边距		
margin	用一个声明定义所有外边距属性	auto/长度/百分比/inherit	

控制该区域最简单的属性是 margin，也可以通过 margin-top、margin-bottom、margin-left、margin-right 精准控制外边距。其属性值可以是 auto（自动）、长度（不允许使用负数）、百分比（相对于父元素高度的比例）、inherit。

```
示例代码：
<!DOCTYPE HTML PUBLIC "-//W3C//DTD HTML 4.01//EN" "http://www.w3.org/TR/
html4/strict.dtd">
<html>
    <head>
        <meta http-equiv="content-type" content="text/html; charset=utf-8">
        <title>CSS 外边距</title>
    </head>
    <style type="text/css">
        h1.special_title {
            background-color: red;
            margin: 2cm
        }
    </style>
    <body>
        <h1>CSS 外边距</h1>
        <hr />
```

```
        <h1 class="special_title">CSS 外边距</h1>
        <hr />
    </body>
</html>
```

运行结果如下图所示。

3.8.4　CSS 边框属性

CSS 边框可以是围绕元素内容和内边距的一条或者多条线，对这些线条，可以自定义它们的样式、宽度及颜色。CSS 边框属性如下表所示。

属　　性		含　　义	属　性　值	继　承
样式	border-top-style	设置上边框的样式属性	none/hidden/dotted/dashed/solid/double/groove/ridge/inset/outset/inherit	否
	border-right-style	设置右边框的样式属性		
	border-bottom-style	设置下边框的样式属性		
	border-left-style	设置左边框的样式属性		
	border-style	设置 4 条边框的样式属性		
宽度	border-top-width	设置上边框的宽度属性	thin/medium/thick/长度/inherit	否
	border-right-width	设置右边框的宽度属性		
	border-bottom-width	设置下边框的宽度属性		
	border-left-width	设置左边框的宽度属性		
	border-width	设置 4 条边框的宽度属性		
颜色	border-top-color	设置上边框的颜色属性	颜色名/十六进制数/rgb 函数/transparent/inherit	否
	border-right-color	设置右边框的颜色属性		
	border-bottom-color	设置下边框的颜色属性		
	border-left-color	设置左边框的颜色属性		
	border-color	设置 4 条边框的颜色属性		
复合	border-top	用一个声明定义所有上边框属性	border-top-width border-top-style border-top-color	否

续表

属　性		含　义	属 性 值	继　承
复合	border-right	用一个声明定义所有左边框属性	border-bottom-width border-bottom-style border-bottom-color	否
	border-bottom	用一个声明定义所有下边框属性	border-left-width border-left-style border-left-color	否
	border-left	用一个声明定义所有左边框属性	border-right-width border-right-style border-right-color	否
	border	用一个声明定义所有边框属性	borer-width border-style border-color	否

3.8.4.1　边框的样式

样式是边框最重要的一个方面，如果没有样式，就没有边框，这时谈论边框的颜色和宽度都是毫无意义的。CSS 边框样式定义了 10 种样式效果，详细如下。

- none：无边框效果，默认值。
- hidden：效果与“none”相同。但对于表，hidden 用于解决边框冲突。
- dotted：点线边框效果，该效果在浏览器中支持性一般。
- dashed：虚线边框效果。
- solid：实线边框效果。
- double：双线边框效果，双线的间隙宽度取决于 border-width 的值。
- groove：3D 凹槽边框效果。
- ridge：3D 凸槽边框效果。
- inset：3D 凹入边框效果。
- outset：3D 凸起边框效果。
- inherit：从父元素继承边框样式。

我们可以使用 border-style 一次定义 4 条边框的样式，定义顺序为上右下左，其中可以利用值复制的规则简写，也可以通过 border-top-style、border-right-style、border-bottom-style、border-left-style 精准定义每条边框的样式。

3.8.4.2　边框的宽度

该属性与边框的样式相同，可以使用 border-width 一次定义 4 条边框的宽度，定义顺序为上右下左，其中可以利用值复制的规则简写，也可以通过 border-top-width、border-right-width、border-bottom-width、border-left-width 精准定义每条边框的宽度。

它的取值可以是系统定义的 3 种标准边框，即 thin（细的边框）、medium（标准边框，默认值）、thick（粗的边框）；还可以使用自定义的长度定义边框的粗细。

3.8.4.3 边框的颜色

该属性与边框的样式相同，可以使用 border-color 一次定义 4 条边框的颜色，定义顺序为上右下左，其中可以利用值复制的规则简写，也可以通过 border-top-color、border-right-color、border-bottom-color、border-left-color 精准定义每条边框的颜色。

颜色取值前面已经介绍过，可以直接写颜色名，也可以直接输入十六进制颜色值，还可以直接输入 rgb 函数值。边框还提供了一种透明色（transparent），这种经常用于预留一个边框，可以提供两个效果：一是和其他有边框的可以保持元素位置对齐；二是很容易实现一种焦点提醒的效果，如鼠标移走是普通文本，鼠标放置在上边会出现红色边框提醒用户，增加用户体验。

```
示例代码：
<!DOCTYPE HTML PUBLIC "-//W3C//DTD HTML 4.01//EN" "http://www.w3.org/TR/html4/strict.dtd">
<html>
    <head>
        <meta http-equiv="content-type" content="text/html; charset=utf-8">
        <title>CSS 边框样式</title>
    </head>
    <body>
        <p>借问酒家何处有，牧童遥指杏花村</p>
        <p style="border-style: hidden;border-width: 5px;">借问酒家何处有，牧童遥指杏花村</p>
        <p style="border-style: dotted;border-width: 5px;">借问酒家何处有，牧童遥指杏花村</p>
        <p style="border-style: dashed;border-width: 5px;">借问酒家何处有，牧童遥指杏花村</p>
        <p style="border-style: solid;border-width: 5px;border-color: aqua red chartreuse yellow;">借问酒家何处有，牧童遥指杏花村</p>
        <p style="border-style: double;border-width: 10px 5px;">借问酒家何处有，牧童遥指杏花村</p>
        <p style="border-style: groove;border-width: 10px;border-color: red;">借问酒家何处有，牧童遥指杏花村</p>
        <p style="border-style: ridge;border-width: 10px;border-color: red;">借问酒家何处有，牧童遥指杏花村</p>
        <p style="border-style: inset;border-width: 10px;border-color: aqua;">借问酒家何处有，牧童遥指杏花村</p>
        <p style="border-style: outset;border-width: 10px;border-color: aqua;">借问酒家何处有，牧童遥指杏花村</p>
    </body>
</html>
```

运行结果如下图所示。

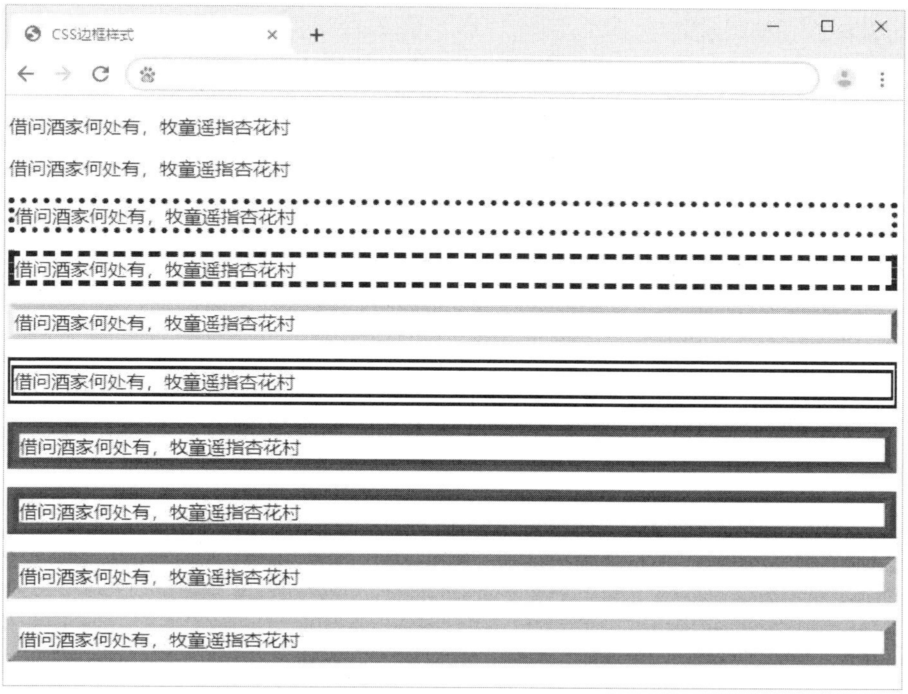

3.8.4.4　边框的复合用法

CSS 为每一条边框提供一条声明即可完成定义的属性，即 border-top、border-right、border-bottom、border-left。它们的属性值分别为自己对应边框位置的样式、宽度、颜色，用空格隔开。其中，宽度和颜色可以省略。

CSS 也提供了一次对 4 条边框设置的属性：border。它的属性值是 border-width、border-style、border-color，用空格隔开。其中，border-width 和 border-color 可以省略。

```
示例代码：
<!DOCTYPE HTML PUBLIC "-//W3C//DTD HTML 4.01//EN" "http://www.w3.org/TR/html4/strict.dtd">
<html>
    <head>
        <meta http-equiv="content-type" content="text/html; charset=utf-8">
        <title>CSS 边框</title>
    </head>
    <body>
        <p>借问酒家何处有，牧童遥指杏花村</p>
        <p style="border: aqua solid 3px;">借问酒家何处有，牧童遥指杏花村</p>
        <p style="border-bottom: red dashed 3px;">借问酒家何处有，牧童遥指杏花村</p>
    </body>
</html>
```

运行结果如下图所示。

3.8.5 CSS 轮廓属性

CSS 轮廓（Outline）是绘制在元素周围的一条线，位于边框边缘的外围，可起到突出元素的作用。轮廓不会占用页面实际的物理布局。CSS 轮廓属性如下表所示。

属　性	含　义	属 性 值	继　承
outline-style	定义轮廓的样式属性	none/dotted/dashed/solid/double/groove/ridge/inset/outset/inherit	
outline-color	定义轮廓的颜色属性	颜色名/十六进制数/rgb 函数/invert/inherit	否
outline-width	定义轮廓的宽度属性	thin/medium/thick/长度/inherit	
outline	同一个声明中定义所有的轮廓属性	outline-color/outline-style/outline-width/inherit	

3.8.5.1 outline-style

outline-style 用于设置轮廓的样式，该属性同边框，如果不设置轮廓的样式，outline-color 和 outline-width 这两个属性就没有意义。与边框样式相比，轮廓样式取值少了一个 hidden。

3.8.5.2 outline-color

outline-color 用于设置轮廓的颜色，取值可以直接写颜色名，也可以直接输入十六进制颜色值，还可以直接输入 rgb 函数值。outline-color 还增加了一个属性值 invert，这个属性值为默认属性值，表示相对于背景反转颜色，这样可以使轮廓在不同的背景颜色中都是可见的。

3.8.5.3 outline

同一个声明中定义所有的轮廓属性，它的属性值是由 outline-style、outline-color、outline-width 组成的语句，用逗号隔开。其中，outline-color 和 outline-width 是可以省略的。

```
示例代码：
<!DOCTYPE HTML PUBLIC "-//W3C//DTD HTML 4.01//EN" "http://www.w3.org/TR/html4/strict.dtd">
<html>
    <head>
        <meta http-equiv="content-type" content="text/html; charset=utf-8">
        <title>CSS 轮廓</title>
```

```
        <style type="text/css">
            p{
                border: solid 1px red;
            }
        </style>
    </head>
    <body>
        <p>借问酒家何处有，牧童遥指杏花村</p>
        <p style="outline-style: dotted;">借问酒家何处有，牧童遥指杏花村</p>
        <p style="outline-style: dashed;">借问酒家何处有，牧童遥指杏花村</p>
        <p style="outline-style: solid;">借问酒家何处有，牧童遥指杏花村</p>
        <p style="outline-style: double;">借问酒家何处有，牧童遥指杏花村</p>
        <p style="outline-style: groove;outline-color: aqua; outline-width:
5px;">借问酒家何处有，牧童遥指杏花村</p>
        <p style="outline-style: ridge;outline-color: aqua;outline-width:
5px;">借问酒家何处有，牧童遥指杏花村</p>
        <p style="outline-style: inset;outline-color: aqua;outline-width:
5px;">借问酒家何处有，牧童遥指杏花村</p>
        <p style="outline:outset aqua 5px">借问酒家何处有，牧童遥指杏花村</p>
    </body>
</html>
```

运行结果如下图所示。

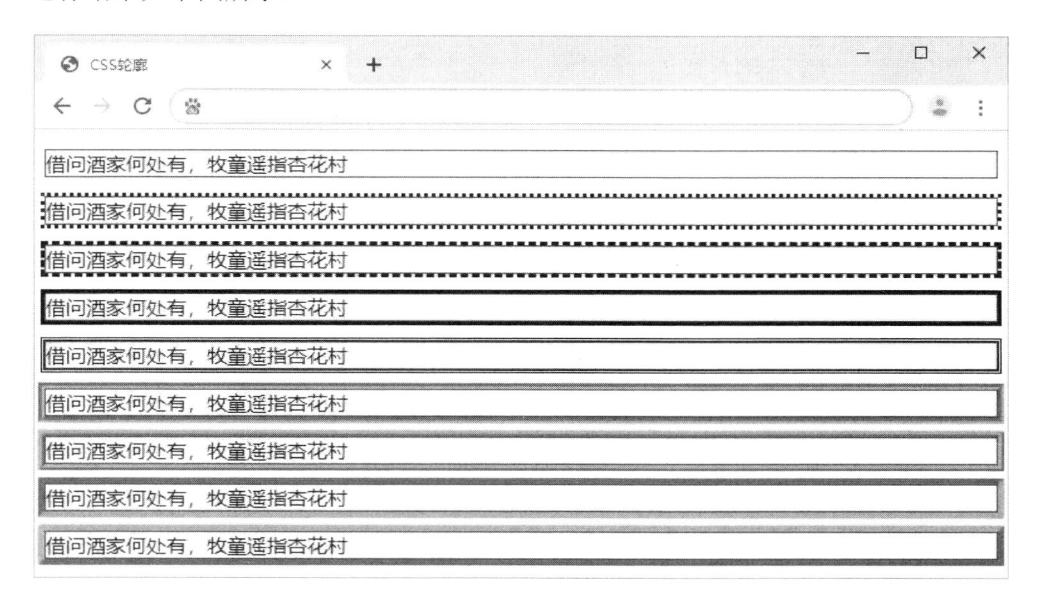

3.9 布局属性

布局属性指的是文档中元素排列显示的规则。

HTML 中提供了以下 3 种布局方式。

- 普通文档流：文档中的元素按照默认的显示规则排版布局，即从上到下，从左到右；块级元素独占一行，行内元素则按照顺序被水平渲染，直到在当前行遇到了边界，然后换到下一行的起点继续渲染；元素内容之间不能重叠显示。
- 浮动：设定元素向某一个方向倾斜浮动的方式排列元素。 从上到下，按照指定方向见缝插针；元素不能重叠显示
- 定位：直接定位元素在文档或者父元素中的位置，表现为漂浮在指定元素上方，脱离了文档流；表示元素可以重叠在一块区域内，按照显示的级别以覆盖的方式显示。

3.9.1 CSS 浮动属性

浮动，可以使元素脱离普通文档流，CSS 定义浮动可以使块级元素向左或者向右浮动，直到遇到边框、内边距、外边距或者另一个块级元素位置。浮动涉及的常用属性如下表所示。

属　性	含　义	属　性　值	继　承
float	设置框是否需要浮动及浮动方向	left/right/none/inherit	否
clear	设置元素的哪一侧不允许出现其他浮动元素	left/right/both/none/inherit	否
clip	裁剪绝对定位元素	rect()/auto/inherit	否
overflow	设置内容溢出元素框时的处理方式	visible/hidden/scroll/auto/inherit	否
display	设置元素如何显示	none/block/inline/inline-block /inherit	否
visibility	定义元素是否可见	visible/hidden/collapse/inherit	是

3.9.1.1 float

控制元素是否浮动，以及如何浮动。当某元素通过该属性设置浮动后，不论该元素是行内元素还是块级元素，都会被当作块级元素处理，即 display 属性被设置为 block。属性值为 left 或者 right，表示向左或者向右浮动，默认值为 none 不浮动。

```
示例代码：
<!DOCTYPE HTML PUBLIC "-//W3C//DTD HTML 4.01//EN" "http://www.w3.org/TR/html4/strict.dtd">
<html>
    <head>
        <meta http-equiv="content-type" content="text/html; charset=utf-8">
        <title>CSS 浮动</title>
    </head>
    <body>
        <p><img src="huamulan.jpg" style="width: 80px;height: 80px;">唧唧复唧唧，木兰当户织。不闻机杼声，惟闻女叹息。问女何所思，问女何所忆。女亦无所思，女亦无所忆。昨夜见军帖，可汗大点兵，军书十二卷，卷卷有爷名。阿爷无大儿，木兰无长兄，愿为市鞍马，从此替爷征。</p>
        <p><img src="huamulan.jpg" style="width: 80px;height: 80px;float: left;">东市买骏马，西市买鞍鞯，南市买辔头，北市买长鞭。旦辞爷娘去，暮宿黄河边，不闻爷娘唤
```

```
女声，但闻黄河流水鸣溅溅。旦辞黄河去，暮至黑山头，不闻爷娘唤女声，但闻燕山胡骑鸣啾啾。万里赴戎机，关山度若飞。朔气传金柝，寒光照铁衣。将军百战死，壮士十年归。</p>
        <p><img src="huamulan.jpg" style="width: 80px;height: 80px;float: right;">归来见天子，天子坐明堂。策勋十二转，赏赐百千强。可汗问所欲，木兰不用尚书郎，愿驰千里足，送儿还故乡。爷娘闻女来，出郭相扶将；阿姊闻妹来，当户理红妆；小弟闻姊来，磨刀霍霍向猪羊。开我东阁门，坐我西阁床，脱我战时袍，著我旧时裳。当窗理云鬓，对镜帖花黄。出门看火伴，火伴皆惊忙：同行十二年，不知木兰是女郎。</p>
        <p>雄兔脚扑朔，雌兔眼迷离；双兔傍地走，安能辨我是雄雌？</p>
    </body>
</html>
```

运行结果如下图所示。

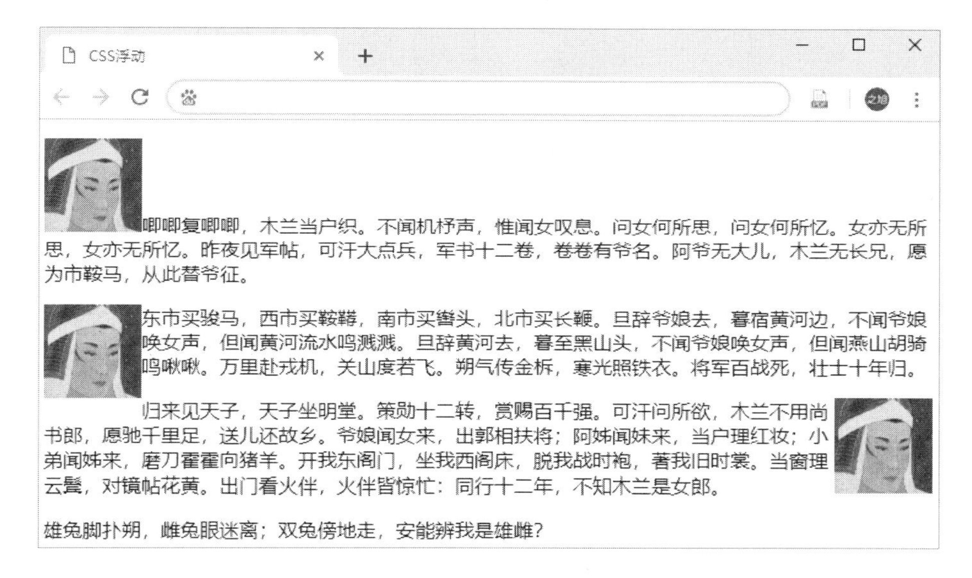

3.9.1.2　clear

clear 用于设置元素哪一侧不允许出现浮动元素，属性值可以是 none（默认值）、left（左侧不允许出现浮动元素）、right（右侧不允许出现浮动元素）和 both（两侧都不允许出现浮动元素）。

3.9.1.3　clip

clip 控制对元素的裁剪。该元素必须是绝对定位的，方法是设置 position 为 absolute，默认值为 auto，表示不进行任何裁剪。如果要进行裁剪，需要给定一个矩形，格式为 rect (top right bottom left)，top、right、bottom、left 可以理解为裁剪后的矩形的右上角纵坐标（top）和横坐标（right）、左下角的纵坐标（bottom）和横坐标（left）。

```
示例代码：
<!DOCTYPE HTML PUBLIC "-//W3C//DTD HTML 4.01//EN" "http://www.w3.org/TR/html4/strict.dtd">
<html>
    <head>
```

```
        <meta http-equiv="content-type" content="text/html; charset=utf-8">
        <title>CSS 浮动</title>
    </head>
    <body>
        <img src="book.png">
        <img src="book.png"  style="position: absolute;clip: rect(0px 40px 
30px 0px);" >
    </body>
</html>
```

运行结果如下图所示。

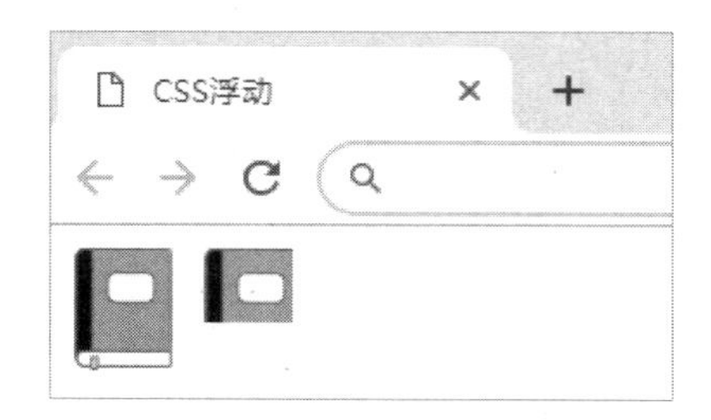

3.9.1.4 overflow

overflow 用于设置元素不够容纳内容时的显示方式。它的属性值主要有以下几种。

- visible：默认值，显示为元素既不裁剪内容，也不添加滚动条，超出的内容会显示在元素外。
- auto：如果内容被修剪，自动添加滚动条。
- hidden：会自动将超出的内容裁剪掉，且裁剪掉的内容不可见。
- scroll：设置一直显示滚动条。

```
示例代码：
<!DOCTYPE HTML PUBLIC "-//W3C//DTD HTML 4.01//EN" "http://www.w3.org/TR/
html4/strict.dtd">
<html>
    <head>
        <meta http-equiv="content-type" content="text/html; charset=utf-8">
        <title>CSS 浮动</title>
    </head>
    <body>
        <p>正常元素框</p>
        <div style="border: 1px solid;">
            较高级复杂的劳动，是这样一种劳动力的表现，这种劳动力比较普通的劳动力需要较
高的教育费用，它的生产需要花费较多的劳动时间。因此，具有较高的价值。——马克思
        </div>
        <p></p>
        <div style="border: 1px solid;overflow: scroll;">
            较高级复杂的劳动，是这样一种劳动力的表现，这种劳动力比较普通的劳动力需要较
高的教育费用，它的生产需要花费较多的劳动时间。因此，具有较高的价值。——马克思
```

```
        </div>
        <p>设定了宽和高的元素框,出现了元素内容超出元素框的情况</p>
        <div style="border: 1px solid; width: 300px;height: 50px;">
            较高级复杂的劳动，是这样一种劳动力的表现，这种劳动力比较普通的劳动力需要较
高的教育费用，它的生产需要花费较多的劳动时间。因此，具有较高的价值。——马克思
        </div>
        <p></p>
        <div style="border: 1px solid; width: 300px;height: 50px;overflow:
auto;">
            较高级复杂的劳动，是这样一种劳动力的表现，这种劳动力比较普通的劳动力需要较
高的教育费用，它的生产需要花费较多的劳动时间。因此，具有较高的价值。——马克思
        </div>
        <p></p>
        <div style="border: 1px solid; width: 300px;height: 50px;overflow:
hidden;">
            较高级复杂的劳动，是这样一种劳动力的表现，这种劳动力比较普通的劳动力需要较
高的教育费用，它的生产需要花费较多的劳动时间。因此，具有较高的价值。——马克思
        </div>
    </body>
</html>
```

运行结果如下图所示。

3.9.1.5 display

display 用于设置元素如何显示。它的属性值主要有以下几种。

- none：该元素不会被显示，通常用于预先做好，动态显示。

- block：该元素将显示为块级元素，元素前后会有换行符，可以设置它的宽高和上右下左的内外边距。
- inline：该元素会被显示为内联元素，元素前后没有换行符，也无法设置宽高和内外边距。
- inline-block：该元素会被认为是行内块元素，这种元素既具有 block 元素，可以设置 width 和 height 属性的特性，又保持了 inline 元素不换行的特性。
- inherit：继承父元素的 display 设置。

```
示例代码：
<!DOCTYPE HTML PUBLIC "-//W3C//DTD HTML 4.01//EN" "http://www.w3.org/TR/
html4/strict.dtd">
<html>
    <head>
        <meta http-equiv="content-type" content="text/html; charset=utf-8">
        <title>CSS 浮动</title>
        <style type="text/css">
            span.inline_box {
                border: solid 1px red;
                display: inline-block;
                width: 100px;
                text-align: center;
            }

            div.inline {
                display: inline;
            }
        </style>
    </head>
    <body>
        <p id="hideinfo" style="display: none;">这条信息默认是隐藏的</p>
        <button  onclick="document.getElementById('hideinfo').style.display=
'';">显示</button>
        <button  onclick="document.getElementById('hideinfo').style.display=
'none';">隐藏</button>
        <br />
        <p><span style="display: block;">北京</span>欢迎你</p>
        <div class="inline">
            北京
        </div>
        <div class="inline">
            欢迎你
        </div>
        <br />
        <span class="inline_box">
            HTML
        </span>
```

```
            <span class="inline_box">
                CSS
            </span>
            <span class="inline_box">
                JavaScript
            </span>
            <span class="inline_box">
                jQuery
            </span>

        </body>
    </html>
```

运行结果如下图所示。

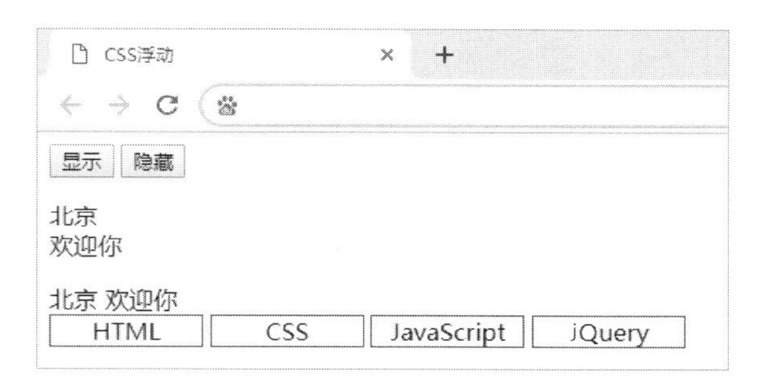

3.9.1.6　visibility

visibility 用于设置元素是否显示，它与 display:none 是不一样的，visibility 设置为隐藏以后，元素占用的空间依然会保留，但 display:none 不保留占用空间，而是从页面中离开。visibility 的常用属性有两个：visible（显示，默认值）和 hidden（隐藏）。

3.9.1.7　浮动综合应用

我们可以通过 float 使元素浮动排列，再通过 clear 控制左右两侧元素达到换行的目的。

```
    示例代码：
    <!DOCTYPE HTML PUBLIC "-//W3C//DTD HTML 4.01//EN" "http://www.w3.org/TR/
html4/strict.dtd">
    <html>
        <head>
            <meta http-equiv="content-type" content="text/html; charset=utf-8">
            <title>CSS 浮动</title>
            <style type="text/css">
                li.horizontal{
                    /* float 可以使块级元素横排 */
                    float: left;
                    /* 修改 li 的样式 */
                    list-style-type: none;
                    padding: 5px;
                }
```

```
        </style>
    </head>
    <body>
        <ul>
            <li>语文</li>
            <li>数学</li>
            <li>英语</li>
            <li>物理</li>
            <li>化学</li>
            <li>生物</li>
            <li>政治</li>
            <li>历史</li>
        </ul>

        <ul>
            <li class="horizontal">语文</li>
            <li class="horizontal">数学</li>
            <li class="horizontal">英语</li>
            <li class="horizontal" style="clear: left;">物理</li>
            <li class="horizontal">化学</li>
            <li class="horizontal">生物</li>
            <li class="horizontal">政治</li>
            <li class="horizontal">历史</li>
        </ul>
    </body>
</html>
```

运行结果如下图所示。

3.9.2　CSS 定位属性

CSS 定位主要用于设置目标组件的位置，如是否漂浮在页面之上。CSS 定位常用属性如下表所示。

属性	含义	属性值	继承
position	元素的定位类型	absolute/relative/static/inherit	否
top	设置定位元素上外边距边界与其包含块上边界之间的偏移	auto/长度/百分比/inherit	否
right	设定定位元素右外边距边界与其包含块右边界之间的偏移		
bottom	设置定位元素下外边距边界与其包含块下边界之间的偏移		
left	设置定位元素左外边距边界与其包含块左边界之间的偏移		
z-index	设置元素的堆叠顺序	auto/number/inherit	否

3.9.2.1 position

position 用于设置元素的定位方式，它的属性值可以设置为以下几种。

- static：默认值，没有定位，元素将出现在正常的位置，这种方式将会忽略 top、right、bottom、left、z-index 属性。
- absolute：生成绝对定位的元素，相对于 static 定位以外的第一个父元素进行定位，如果一直找不到，则相对于页面定位，位置通过 top、right、bottom、left 进行规定。
- relative：生成相对定位的元素，相对于其正常位置进行定位，但不会脱离文档流。

3.9.2.2 定位位置

定位的位置主要依靠 top、right、bottom、left 4 个属性控制。

- top：用于设置定位元素相对的对象的顶边偏移的距离，正数向下偏移，负数向上偏移。
- right：用于设置定位元素相对的对象的右边偏移的距离，正数向左偏移，负数向右偏移。
- bottom：用于设置定位元素相对的对象的底边偏移的距离，正数向上偏移，负数向下偏移。
- left：用于设置定位元素相对的对象的左边偏移的距离，正数向右偏移，负数向左偏移。

值得注意的是，如果水平方向同时设置了 left 和 right，则以 left 属性值为准。同样，如果垂直方向同时设置了 top 和 bottom，则以 top 属性值为准。

示例代码：

```
<!DOCTYPE HTML PUBLIC "-//W3C//DTD HTML 4.01//EN" "http://www.w3.org/TR/html4/strict.dtd">
<html>
    <head>
        <meta http-equiv="content-type" content="text/html; charset=utf-8">
        <title>CSS 定位</title>
    </head>
    <body>
```

```
        <span>蓝色的 div 位于正常文档流中，红色的 div 脱离了文档里</span>
        <div style="width: 100px;height: 100px;border: 3px solid blue;">
        </div>
        <div style="width: 100px;height: 100px;border: 3px solid red;position: absolute;top: 50px;left: 50px;">

        </div>
        <span>这里应该会被红色 div 覆盖的</span>
        <hr />
        <span>绿色 div 和粉色 div 都设置成绝对定位 div,但粉色 div 它的父元素是绿色 div,所以粉色 div 计算相对位置是根据绿色 div 的原点计算的</span>
        <div style="width: 200px;height: 200px;border: 3px solid green;position: absolute;top: 200px;left: 100px;">
            <div style="width: 100px;height: 100px;border: 3px solid pink;position: absolute;top: 30px;left: 30px;">

            </div>
        </div>
    </body>
</html>
```

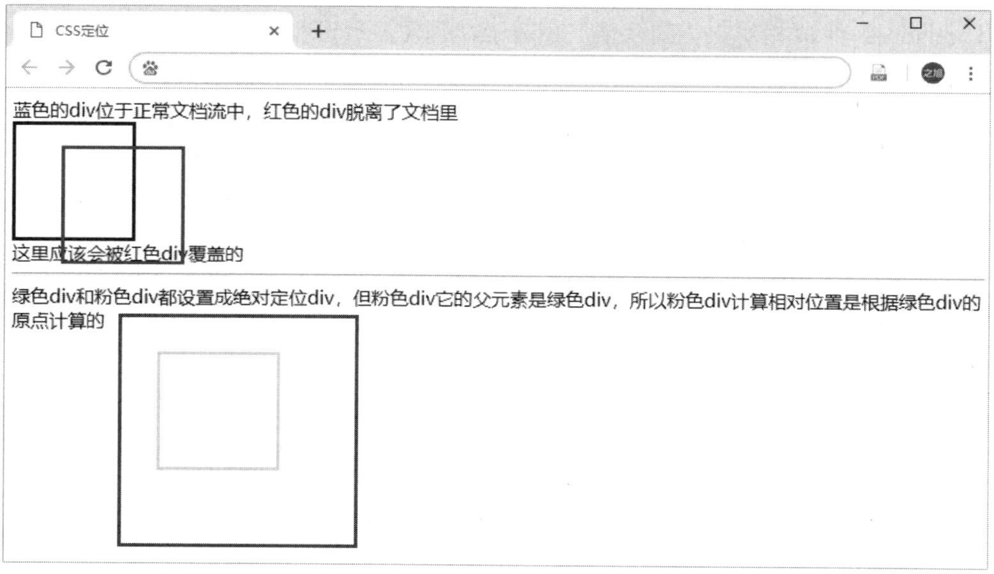

示例代码：

```
<!DOCTYPE HTML PUBLIC "-//W3C//DTD HTML 4.01//EN" "http://www.w3.org/TR/html4/strict.dtd">
<html>
    <head>
        <meta http-equiv="content-type" content="text/html; charset=utf-8">
        <title>CSS 定位</title>
    </head>
```

```
    <body>
        <div style="border: 3px solid red;width: 100px;height: 100px;">
        </div>
        <div style="border: 3px solid blue;width: 100px;height: 100px;position:
relative;top: 30px;left: 30px;">
        </div>
        <div style="border: 3px solid red;width: 100px;height: 100px;">
        </div>
    </body>
</html>
```

运行结果如下图所示。

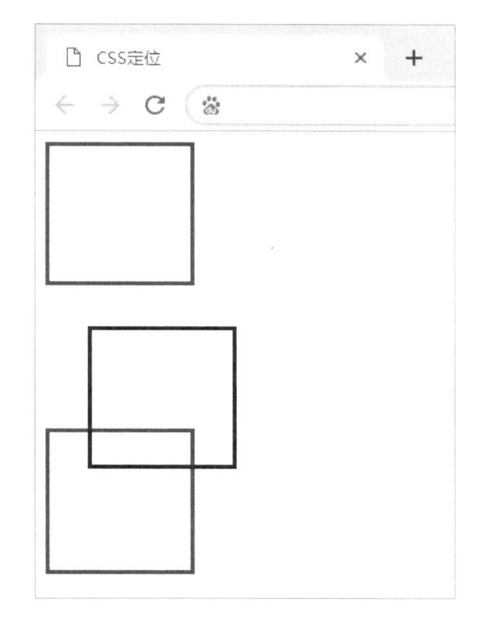

由上图可知，红色div均为正常文档流，蓝色div设置成相对定位元素，相对于自身原来的位置调整了位置，但蓝色div并没有脱离正常的文档流，所以，红色div不会产生位置变化。

3.9.2.3　z-index

z-index用于设置目标对象的定位层序，数值越大，所在的层级越高，覆盖在其他层级之上，该属性仅在position: absolute时有效。其默认值是auto，堆叠顺序与父元素相同。

```
示例代码：
<!DOCTYPE HTML PUBLIC "-//W3C//DTD HTML 4.01//EN" "http://www.w3.org/TR/
html4/strict.dtd">
<html>
    <head>
        <meta http-equiv="content-type" content="text/html; charset=utf-8">
        <title>CSS 定位</title>
    </head>
```

```
        <body>
            <div style="background-color: yellow;width: 100px;height: 100px;">
            </div>
            <div style="background-color: red;width: 100px;height: 100px;position: absolute;top: 50px;left: 50px;">
            </div>
            <div  style="background-color:  green;width:  100px;height:  100px;position: absolute;top: 100px;left: 100px;z-index: 1;">
            </div>
            <div  style="background-color:  pink;width:  100px;height:  100px;position: absolute;top: 150px;left: 150px;">
            </div>
        </body>
    </html>
```

运行结果如下图所示。

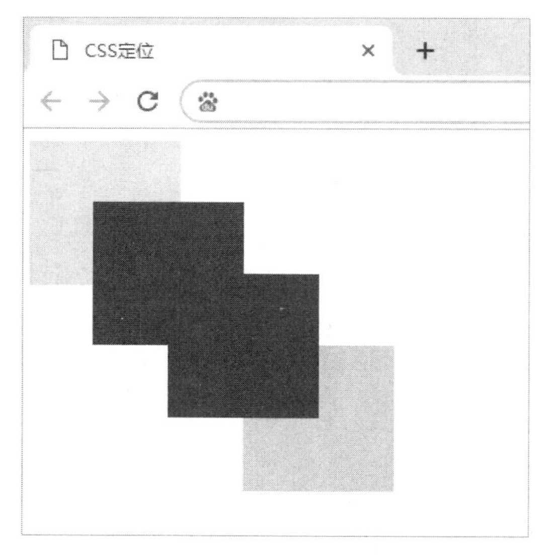

由上图可知，绿色 div 通过调节 z-index 属性，位于所有 div 元素最上方。

3.10 本章小结

本章简单介绍了 CSS 的历史，需要重点掌握 CSS 的选择器，包括元素选择器、通配符选择器、属性选择器、派生选择器、id 选择器、类选择器、伪类选择器和伪元素选择器；同时需要重点掌握 CSS 的属性，包括背景、字体、文本、尺寸、列表、表格等，还需要重点掌握 HTML 的盒模型和布局方面的一些属性。

本章涉及的知识点较多，需要将 CSS 属性勤加练习，烂熟于心，并且掌握选择器的用法。

第二篇

JavaScript 程序设计

第 4 章 JavaScript 语法基础

学习任务

【任务 1】掌握 JavaScript 的基本语法，以及各种数据类型的判别和变换；

【任务 2】掌握 JavaScript 的流程控制语句。

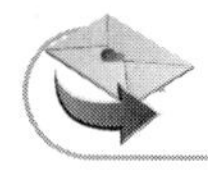

学习路线

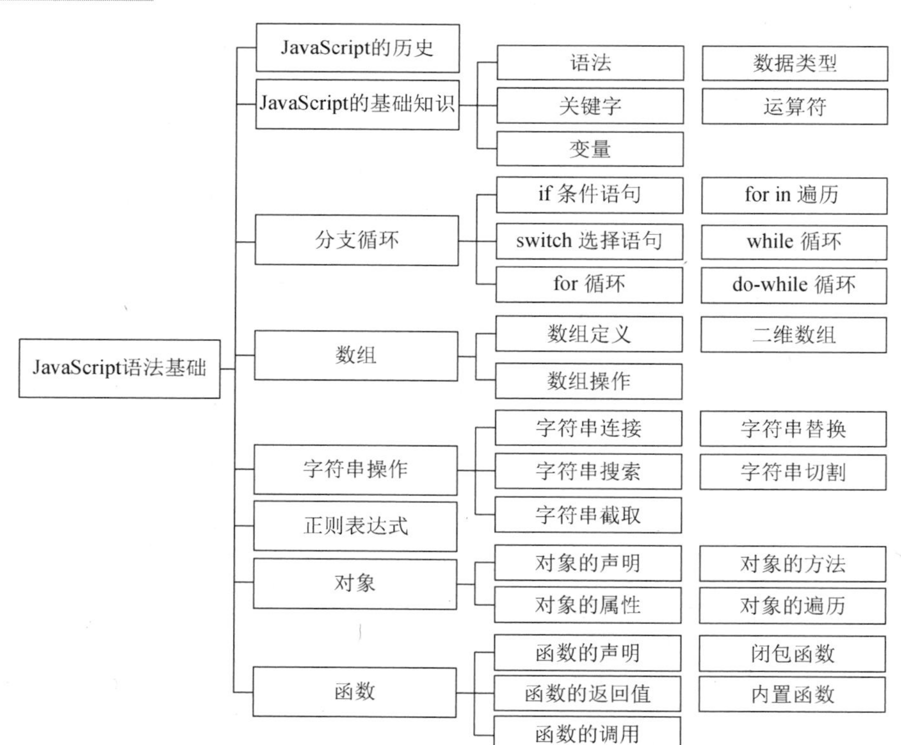

4.1 JavaScript 的历史

4.1.1 JavaScript 的诞生

JavaScript 诞生于 1995 年。起初它的主要目的是处理以前由服务器端负责的一些表单验证。在那个绝大多数用户都在使用调制解调器上网的时代，用户填写完一个表单单击提交，需要等待几十秒，之后服务器反馈的信息是某个地方填错了。在当时如果能在客户端完成一些基本的验证绝对是令人兴奋的。当时走在技术革新最前沿的 Netscape（网景），决定着手开发一种客户端语言，用于处理这种简单的验证。当时就职于 Netscape 的 Brendan Eich 开始着手研究，并计划将 1995 年 2 月发布的 LiveScript 同时在浏览器和服务器中使用。为了在发布日期前完成 LiveScript 的开发，Netscape 与 Sun 公司成立了一个开发联盟。而此时，Netscape 为了搭上媒体热炒 Java 的“顺风车”，临时将 LiveScript 改名为 JavaScript，所以从本质上来说，JavaScript 和 Java 没有什么关系。

JavaScript 1.0 获得了巨大的成功，Netscape 随后在 Netscape Navigator 3（网景浏览器）中发布了 JavaScript 1.1。之后作为竞争对手的 Microsoft 在其 IE3 中加入了名为 JScript（名称不同是为了避免侵权）的 JavaScript。而此时市面上有 3 个不同的 JavaScript 版本：IE 的 JScript、Netscape 的 JavaScript 和 ScriptEase 中的 CEnvi。当时还没有标准规定 JavaScript 的语法和特性。由于版本不同，暴露的问题日益加剧，JavaScript 的规范化最终被提上日程。

1997 年，以 JavaScript 1.1 为蓝本的建议被提交给欧洲计算机制造商协会（European Computer Manufactures Association，ECMA）。该协会指定 39 号技术委员会（TC39）负责将其进行标准化，TC39 由来自各大公司以及其他关注脚本语言发展的公司和程序员组成，经过数月最终完成了 ECMA-262——定义了一种名为 ECMAScript 的新脚本语言的标准。1998 年，ISO/IEC（国标标准化组织和国际电工委员会）也采用 ECMAScript 作为标准（即 ISO/IEC-16262）。

虽然 JavaScript 和 ECMAScript 通常被人用于表达相同的意思，但 JavaScript 的含义比 ECMA-262 中规定的多得多。一个完整的 JavaScript 实现应由 3 个部分组成。

- 核心（ECMAScript）。
- 文档对象模型（DOM）。
- 浏览器对象模型（BOM）。

由 ECMA-262 定义的 ECMAScript 其实与 Web 浏览器没有依赖关系。Web 浏览器只是 ECMAScript 实现可能的宿主环境之一。ECMA-262 定义的只是这门语言的基础，而在此基础上可能构建更完善的脚本语言。宿主不仅提供基本的 JavaScript 的实现，还提供该语言的扩展，如 DOM。其他宿主环境包括 Node 和 Adobe Flash。

4.1.2 ECMAScript 的版本

ECMAScript 的不同版本又称为版次，ECMA-262 第 5 版发布于 2009 年。ECMA-262 第 6 版增添了许多必要特性（如模块、类）和一些实用特性（如 Maps、Sets、Promises、Generators 等）。尽管第 6 版做了大量的更新，但是它依旧完全向后兼容以前的版本。由于浏览器兼容性问题，本书后续内容在第 5 版的基础上配合部分实例进行讲解。ECMA-262 的第 1 版实质上与 Netscape 的 JavaScript 1.1 相同，只是做了一些小改动：支持 Unicode 标准，对象与平台无关。

ECMA-262 第 2 版主要是编辑加工的结果，没有做任何新增、修改或者删减处理。

ECMA-262 第 3 版才是对该标准的第一次真正修改，修改内容包括字符串处理、错误定义和数值输出。这一版新增了对正则表达式、新控制语句、try-catch 异常处理的支持，并围绕标准的国际化做出了一些小的修改。第 3 版也标志着 ECMAScript 成为一门真正的编程语言。

ECMA-262 第 4 版对这门语言进行了一次全面的检核修订。由于 JavaScript 在 Web 上日益流行，开发人员纷纷建议修订 ECMAScript，以使其能够满足不断增长的 Web 开发需求。ECMA TC39 重新召集相关人员共同谋划，出台后的标准几乎是在第 3 版的基础上完全定义了一门新语言。第 4 版不仅包含强类型变量、新语句和新的数据结构、真正的类和经典继承，还定义了与数据交互的新方式。此时，TC39 下属的一个小组认为第 4 版为这门语言带来的跨越太大，他们提出了 ECMAScript 3.1 的替代性建议。该建议只对这门语言进行了较少的改进。最终，ECMAScript 3.1 附属委员会获得的支持超过了 TC39，ECMA-262 第 4 版在正式发布前被放弃。ECMAScript 3.1 最终成为 ECMA-262 第 5 版，并于 2009 年 12 月 3 日正式发布。

ECMA-262 第 5 版力求澄清第 3 版中已知的歧义，并添加了新的功能，包括原生 JSON 对象、继承的方法和高级属性定义，以及严格模式。

本书后续的内容将在 ECMA-262 第 5 版的基础上配合大量实例进行讲解。

4.2 JavaScript 的基础知识

4.2.1 JavaScript 的特点

JavaScript，是一种直译式脚本语言，是一种动态类型、弱类型、基于原型的语言，内置支持类型。它的解释器被称为 JavaScript 引擎，是浏览器的一部分，广泛用于客户端的脚本语言中，最早是在 HTML（标准通用标记语言下的一个应用）网页上使用的，用于为 HTML 网页增加动态功能。目前，JavaScript 被广泛用于 Web 应用开发，常用于为网页添加各式各样的动态功能，为用户提供更流畅美观的浏览效果。通常 JavaScript 脚本是通过嵌入在

HTML 中实现自身的功能的。

JavaScript 具有以下 4 个方面的特点。

- 是一种解释性脚本语言（代码不进行预编译）。
- 主要用于向 HTML（标准通用标记语言下的一个应用）页面添加交互行为。
- 可以直接嵌入 HTML 页面，但写成单独的 JS 文件有利于结构和行为的分离。
- 跨平台特性，在绝大多数浏览器的支持下，可以在多种平台下运行（如 Windows、Linux、Mac、Android、iOS 等）。

下面介绍 JavaScript 的语法、关键字、变量，以及数据类型、运算符等。

4.2.2 JavaScript 的语法

熟悉 Java、C 和 Perl 这些语言的开发者会发现 JavaScript 的语法很容易掌握，因为它借用了这些语言的语法。Java 和 JavaScript 有一些关键的语法特性相同，也有一些完全不同，具体的区别如下。

- 区分大小写：与 Java 一样，变量、函数名、运算符及其他一切东西都是区分大小写的，如变量 test 与变量 TEST 是不同的。
- 变量是弱类型的：与 Java 和 C 不同，JavaScript 中的变量无特定的类型，定义变量时只用 var 运算符，可以将它初始化为任意值。因此，可以随时改变变量所存数据的类型（尽量避免这样做）。
- 每行结尾的分号可有可无：Java、C 和 Perl 都要求每行代码以分号（;）结束才符合语法。JavaScript 则允许开发者自行决定是否以分号结束一行代码。如果没有分号，JavaScript 将折行代码的结尾看作该语句的结尾（与 Visual Basic 和 VBScript 相似），前提是这样没有破坏代码的语义。最好的代码编写习惯是总加入分号，因为没有分号，有些浏览器就不能正确运行，但根据 JavaScript 标准，下面两行代码都是正确的：

```
var test1 = "red"          //无分号
var test2 = "blue";
```

- 注释相同：JavaScript 中的注释与 Java、C 和 PHP 语言中的注释是相同的，JavaScript 借用了这些语言的注释语法。有两种类型的注释：单行注释以双斜杠开头（//）；多行注释以单斜杠和星号开头（/*），而以星号和单斜杠结尾（*/）。在下面的实例中，第一行是单行注释，第二行和第三行为多行注释：

```
//this is a single-line comment
/*this is a multi-
line comment*/
```

- 大括号表示代码块：从 Java 中借鉴的另一个概念是代码块。代码块表示一系列应该按顺序执行的语句，这些语句被封装在左括号（{）和右括号（}）之间。在下面的实例中用{}包含的内容就表示一个代码块：

```
if (test1 == "red") {
  test1 = "blue";
  alert(test1);
}
```

变量的声明原则要求前面加上 var 声明，表示是全局变量，而在方法或者循环等代码段中声明则不需要加上 var，但不少浏览器对是否加 var 并不敏感，也不会报错，所以开发者应尽量遵循规范，全局变量加上 var，以便增加代码的可读性。

4.2.3 JavaScript 的关键字

每一门语言都会有关键字，JavaScript 也不例外。关键字是指可用于表示控制语句的开始和结束，或者用于执行特定操作等。根据规定，关键字是保留的，不能用作变量名或者函数名。如果把关键字用作变量名或者函数名，可能会得到诸如 "Identifier Expected"（应该有标识符、期望标识符）这样的错误消息。JavaScript 关键字的完整列表如下表所示。

break	else	new	var
case	finally	return	void
catch	for	switch	while
continue	function	this	with
default	if	throw	
delete	in	try	
do	instanceof	typeof	

4.2.4 JavaScript 的变量

在 JavaScript 中，变量是存储信息的容器，变量存在两种类型的值，即原始值和引用值。

- 原始值：存储在栈（Stack）中的简单数据段，也就是说，它们的值直接存储在变量访问的位置。
- 引用值：存储在堆（Heap）中的对象，也就是说，存储在变量处的值是一个指针（Point），指向存储对象的内存处。

为变量赋值时，JavaScript 的解释程序必须判断该值是原始类型还是引用类型。要实现这一点，解释程序需要尝试判断该值是否为 JavaScript 的原始类型之一，即 Undefined、Null、Boolean、Number 和 String 型。由于这些原始类型占据的空间是固定的，因此可将它们存储在较小的内存区域（栈）中。这样存储便于迅速查寻变量的值。

在许多语言中，字符串都被看作引用类型，而非原始类型，因为字符串的长度是可变的。JavaScript 打破了这一传统。字符串 String 是 JavaScript 的基本数据类型，同时 JavaScript 也支持 String 对象，它是一个原始值的包装对象。在需要时，JavaScript 会自动在原始形式和对象形式之间进行转换。

4.2.5 数据类型

在 JavaScript 中，数据类型表示数据的类型，JavaScript 语言的每一个值都属于某一种数据类型。JavaScript 的数据主要分为以下两类。

- 值类型（原始值）：字符串（String）、数字（Number）、布尔（Boolean）、对空（Null）、未定义（Undefined）、Symbol（ES6 引入了一种新的原始数据类型，表示独一无二的值）。
- 引用数据类型（引用值）：对象（Object）、数组（Array）、函数（Function）。

4.2.5.1 类型分类

JavaScript 有 5 种原始类型，即 Undefined、Null、Boolean、Number 和 String。JavaScript 提供 typeof 运算符用于判断一个值是否在某种类型的范围内。可以用这种运算符判断一个值是否表示一种原始类型：如果它是原始类型，还可以判断它表示哪种原始类型。

（1）Undefined 类型：如前所述，Undefined 类型只有一个值，即 undefined。当声明的变量未初始化时，该变量的默认值是 undefined。在下面的案例中，代码声明变量 oTemp，没有初始值，该变量将被赋予值 undefined，即 Undefined 类型的字面量。

```
var oTemp;
```

（2）Null 类型：另一种只有一个值的类型是 Null，它只有一个专用值 null，即它的字面量。值 undefined 实际上是从值 null 派生来的，因此 JavaScript 将它们定义为相等的，在下面的案例会输出"true"。尽管这两个值相等，但它们的含义不同。undefined 是声明了变量但未对其初始化时赋予该变量的值，null 则用于表示尚未存在的对象。如果函数或者方法要返回的是对象，那么找不到该对象时，返回的通常是 null。

```
alert(null == undefined);  //输出 "true"
```

（3）Boolean 类型：Boolean 类型是 JavaScript 中最常用的类型之一。它的两个值是 true 和 false（即两个 Boolean 字面量）。即使 false 不等于 0，0 也可以在必要时被转换成 false，这样在 Boolean 语句中使用两者都是安全的。下面的案例分别定义了一个值为 true 和一个值为 false 的 Boolean 类型的变量。

```
var bFound = true;
var bLost = false;
```

（4）Number 类型：ECMA-262 中定义的最特殊的类型是 Number 类型。这种类型既可以表示 32 位的整数，也可以表示 64 位的浮点数。直接输入的（而不是从另一个变量访问的）任何数字都被看作 Number 类型的字面量。下面的实例分别声明了存放十进制、八进制和十六进制的整数值的变量：

```
var iNum = 86;
var iNum = 070;     //070 等于十进制的 56
var iNum = 0x1f;    //0x1f 等于十进制的 31
var iNum = 0xAB;    //0xAB 等于十进制的 171
```

提示：尽管所有整数都可以表示为八进制或者十六进制的字面量，但所有数学运算返回的都是十进制的结果。

- 浮点数：要定义浮点值，必须包括小数点和小数点后的一位数字（例如，用 1.0 而不是 1）。这被看作浮点数字面量，其有趣之处在于，用它进行计算前，真正存储的是字符串。下面的实例定义了一个值为 5.0 的浮点型变量：

```
var fNum = 5.0;
```

- 科学计数法：对非常大或者非常小的数，可以用科学计数法表示浮点数，可以把一个数表示为数字（包括十进制数）加 e（或者 E），后面加上乘以 10 的倍数。JavaScript 默认将具有 6 个或者 6 个以上前导 0 的浮点数转换成科学计数法。在下面的实例中，fNum 表示的数是 56180000，将科学计数法转化成计算式就可以得到该值，即 5.618×10^7：

```
var fNum = 5.618e7
```

提示：也可以用 64 位 IEEE 754 形式存储浮点值，这意味着十进制值最多可以有 17 个十进制位。17 位之后的值将被裁去，从而造成一些小的数学误差。

- 特殊的 Number 值：几个特殊值也被定义为 Number 类型。前两个是 Number.MAX_VALUE 和 Number.MIN_VALUE，它们定义了 Number 值集合的外边界。所有 JavaScript 数都必须在这两个值之间，但计算生成的数值结果可以不落在这两个值之间。当计算生成的数大于 Number.MAX_VALUE 时，它将被赋予值 Number.POSITIVE_INFINITY，意味着不再有 Number 值。同样，生成的数值小于 Number.MIN_VALUE 时也会被赋予值 Number.NEGATIVE_INFINITY，也意味着不再有 Number 值。如果计算返回的是无穷大值，那么生成的结果不能再用于其他计算。事实上，有专门的值表示无穷大，即 Infinity。Number.POSITIVE_INFINITY 的值为 Infinity。Number.NEGATIVE_INFINITY 的值为-Infinity。由于无穷大数可以是正数也可以是负数，因此可以用一个方法来判断一个数是否是有穷的（而不是单独测试每个无穷数）。可以对任何数调用 isFinite()方法，以确保该数不是无穷大。下面的实例使用 isFinite()方法判断 iResult 的值是否是有穷的：

```
var iResult = iNum * some_really_large_number;
if (isFinite(iResult)) {  //如果是有穷的
    alert("finite");
}else {
    alert("infinite");
}
```

- 特殊的 NaN：表示非数（Not a Number）。NaN 是一个奇怪的特殊值。一般来说，这种情况发生在类型（String、Boolean 等）转换失败时。例如，将单词 blue 转换成数值就会失败，因为没有与之等价的数值。与无穷大一样，NaN 也不能用于算术计算。NaN 的另一个奇特之处在于，它与自身不相等，在下面的案例中，第一行将返回

"false"，出于这个原因，不推荐使用 NaN 值本身。函数 isNaN()会做得相当好，在下面的案例中，第二行返回"true"，而第三行则返回"false"。

```
alert(NaN == NaN);        //输出 "false"
alert(isNaN("blue"));     //输出 "true"
alert(isNaN("666"));      //输出 "false"
```

（5）String 类型：String 类型的独特之处在于，它是唯一没有固定大小的原始类型。可以用字符串存储 0 或者更多的 Unicode 字符，用 16 位整数表示（Unicode 是一种国际字符集）。字符串中每个字符都有特定的位置，首字符从位置 0 开始，第二个字符在位置 1，以此类推。这意味着字符串中最后一个字符的位置一定是字符串的长度减 1。字符串字面量是用双引号（""）或者单引号（''）声明的。而 Java 则用双引号来声明字符串，用单引号来声明字符。但是由于 JavaScript 没有字符类型，因此可以使用这两种表示法中的任何一种。在下面的实例中，两行代码都有效：

```
var sColor1 = "red";   //双引号
var sColor2 = 'red';   //单引号
```

4.2.5.2 类型判断

在 JavaScript 中，对一个变量的类型进行判断主要有两种方式。

- typeof 操作符：用于获取一个变量或者表达式的类型，检测变量的类型需要用到运算符 typeof，它有一个参数，即要检查的变量或者值。对变量或者值调用 typeof 运算符将返回 undefined（变量是 Undefined 类型的）、boolean（变量是 Boolean 类型的）、number（变量是 Number 类型的）、string（变量是 String 类型的）和 object（变量是一种引用类型或者 Null 类型的）。在下面的实例中，sTemp 变量的类型是 String，而 86 的类型明显是 Number 类型：

```
var sTemp = "test string";
alert (typeof sTemp);       //输出 "string"
alert (typeof 86);          //输出 "number"
```

提示：typeof 运算符对 null 值会返回 "Object"，这实际上是 JavaScript 最初实践中的一个错误，然后被 JavaScript 沿用。现在，null 被认为是对象的占位符，从而解释了这一矛盾，但从技术上来说，它仍然是原始值。

- instanceof 操作符：用于判断一个引用类型（值类型不能用）属于哪种类型，下面的实例判断了 a 是否为数组类型的变量。

```
<!DOCTYPE html>
<html lang="en">
 <head>
  <meta charset="UTF-8">
 <title>instanceof 类型判断</title>
 </head>
```

```
<body>
  <script>
    var a = new Array();
    if(a instanceof Array){
       document.write("a 是一个数组类型");
    } else {
       document.write("a 不是一个数组类型");
    }
  </script>
 </body>
</html>
```

4.2.5.3 类型转换

在 JavaScript 中，如果一个变量的类型不是想要的，那么可以通过类型转换实现目的，类型转换常用的有以下 5 种。

- Number(变量)：将变量转化为数字类型。
- String(变量)：将变量转化为字符串类型。
- Boolean(变量)：将变量转化为布尔值类型。Boolean 会将非零的数字转为 true，将零转为 false。
- parseFloat(变量)：将变量转化为浮点类型。
- parseInt(变量)：将变量转化为整数类型。

下面的实例分别用 Number()、String()和 Boolean()对变量做类型转换：

```
<!DOCTYPE html>
<html lang="en">
 <head>
  <meta charset="UTF-8">
  <title>类型转换</title>
 </head>
 <body>
  <script>
    var a='123';
    var b = a+6;
    document.write('没用 Number 转换前:'+b);
    document.write('<br/>');
    var c = Number(a)+6;
    document.write('用 Number 转换后:'+c);
    document.write('<hr/>');    //画一行横线
    var x = 33;
    var y = x+66;
    document.write('没用 String 转换前:'+y);
document.write('<br/>');
    var m = String(x)+66;
```

```
        document.write('用 String 转换后:'+m);
        document.write('<hr/>');
        var t = 13;
        var f = 0;
        var b1 = Boolean(t);
        var b2 = Boolean(f);
        document.write('用 Boolean 转换后:t='+b1+',f='+b2);
    </script>
  </body>
</html>
```

页面显示结果如下图所示。

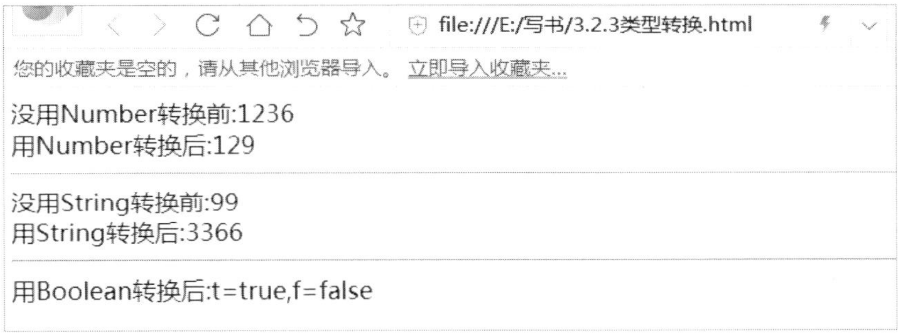

file:///E:/写书/3.2.3类型转换.html

您的收藏夹是空的，请从其他浏览器导入。 立即导入收藏夹...

没用Number转换前:1236
用Number转换后:129

没用String转换前:99
用String转换后:3366

用Boolean转换后:t=true,f=false

4.2.6 运算符

JavaScript 运算符用于赋值、比较值、执行算术运算等。运算符包括赋值运算符、算数运算符、比较运算符、逻辑运算符、一元运算符、二元运算符和三元运算符，此外，运算符之间还存在优先级的先后情况。

4.2.6.1 赋值运算符

在 JavaScript 中，赋值运算符的符号为=，表达式为变量 a=值，表示将值赋值给变量 a。下面的实例表示将 hello 这个字符串赋值给变量 s：

```
var s = "hello";    //将 hello 这个字符串赋值给变量 s
```

4.2.6.2 算数运算符

在 JavaScript 中，算数运算符的符号有+（两值相加）、-（两值相减）、*（两值相乘）、/（两值相除）和%（取余）。在下面的实例中，变量 a 表示 3 和 2 两个值相加结果为 5，变量 b 表示 3 和 2 两个值相减结果为 1，变量 c 表示 3 和 2 两个值相乘结果为 6，变量 d 表示 3 和 2 两个值相除结果为 1.5，变量 e 表示 3 和 2 两个值取余结果为 1。

```
var a = 3+2;         //加法
var b = 3-2;         //减法
var c = 3*2;         //乘法
```

```
var d = 3/2;            //除法
var e = 3%2;            //取余数
```

4.2.6.3 比较运算符

在 JavaScript 中，比较运算符的符号有>（大于）、>=（大于或等于）、<（小于）、<=（小于或等于）、!=（不等于）、==（值等于）、===（值和类型等于）及!==（值和类型不等于）。在下面的实例中，变量 c 表示 3 大于 2 结果为 true，变量 d 表示 3 小于 2 结果为 false，变量 e 表示 3>=2 结果为 true，变量 f 表示 3<=2 结果为 false，变量 g 表示 3!=2 结果为 true，变量 cc 表示'3'==3 结果为 true，变量 dd 表示'3'===3 结果为 false。

```
var a = 3;
var b = 2;
var c = a>b;            //大于，结果为 true
var d = a<b;            //小于，结果为 false
var e = a>=b;           //大于或等于，结果为 true
var f = a<=b;           //小于或等于，结果为 false
var g = a != b;         //不等于，结果为 true
var aa = '3';           //aa 被赋值为字符串类型
var bb = 3;             //bb 被赋值为数字类型
var cc = aa==bb;        //返回为 true，两个等号表示只要值相同就可以相等，返回 true
var dd = aa===bb;       //返回为 false，3 个等号表示除值外必须类型也相同才能返回 true
```

4.2.6.4 逻辑运算符

在 JavaScript 中，逻辑运算符的符号有&&（逻辑与，表达式前后全为 true 才能返回 true）、||（逻辑或，表达式前后只要有一个为 true 就能返回 true）和!（逻辑取反，表达式后若为 true 则返回 false，若为 false 则返回 true）。在下面的实例中，变量 as 表示（a<b）和（c<d）都为 true 则返回 true，否则返回 false；变量 bs 表示（a<b）和（c<d）之中有一个为 true 则返回 true，否则返回 false；变量 cs 表示（a>b）为 true 则返回 false，否则返回 true。

```
var a = 3,b = 9,c = 7,d = 5;
//返回为 false，&&表示前后两个表达式必须全为 true，整个表达式才能返回 true
var as = (a<b)&&(c<d);
//返回为 true，||表示前后两个表达式只要有一个为 true，整个表达式就能返回 true
var bs = (a<b)||(c<d);
//返回为 true，a>b 返回为 false，!表示取反，因此返回 true
var cs = !(a>b);
```

4.2.6.5 一元运算符

在 JavaScript 中，一元运算符的符号有++（自增长，每执行一次自身加 1）和--（自减，每执行一次自身减 1）。i++与++i 的区别在于：i++中 i 的值先参与外部表达式的运算，完毕后再将自身的值加 1；而++i 中的 i 首先将自身的值加 1，再参与外部表达式的运算。在下面的实例中，第一个 a 的返回值为 3，第二个 a 的返回值为 4。

```
var i=3;
```

```
var a = i++;
document.write("a="+a+",i="+i); //输出 a=3, i=4
//i 首先参加表达式运算，把自身的值 3 先赋值给 a，然后自己++，变为 4
var i=3;
var a = ++i;
document.write("a="+a+",i="+i); //输出 a=4, i=4
//i 首先完成++运算，然后赋值给 a
```

4.2.6.6　二元运算符

在 JavaScript 中，二元运算符的符号有+=（a += 3 等价于 a = a+3）、-=（a -= 3 等价于 a = a-3）、*=（a *= 3 等价于 a = a*3）和/=（a /= 3 等价于 a = a/3）。

4.2.6.7　三元运算符

在 JavaScript 中，三元运算符的表达式格式为条件 ？正 ：假（值 1==值 2？返回值 1: 返回值 2，当表达式成立时，返回返回值 1，否则返回返回值 2）。在下面的实例中，由于 300*0.8 等于 240 小于 500，因此 money 的值为 money，即结果为 300。

```
var money = 300;
var total=money*0.8;          //打折
money=money>=500?total:money;
/*输出 300，打折后的结果比 500 少，所以显示原来的价格 money，如果大于 500，则按打折后
的 total 显示*/
document.write(money);
```

4.2.6.8　运算优先级

当多个运算符并列于一个表达式中时，运算符之间具有优先级顺序。运算优先级的规律如下：算数运算符>比较运算符>逻辑运算符>赋值运算符。在下面的实例中，第一个 rs 的返回值为 false，第二个 rs 的返回值为 true。

```
var rs = 2+1>3+5;
//结果为 false，因为表达式先进行数学运算 2+1=3，3+5=8，然后运行 3>8，返回值为 false
document.write(rs);
var rs = 7>5&&15>11;
/*返回值为 true，程序首先执行 7>5 和 15>11，两个表达式都返回 true，然后执行逻辑表达式
&&，最后赋值给 rs*/
```

4.3　分支循环

提及一门语言，分支循环绝对是必不可少的语法部分，JavaScript 的分支循环和其他语言完全不同，在 JavaScript 中基本包括 if-else 条件判断语句、switch-case 选择语句、for 循环语句、for-in 遍历语句、while 循环语句和 do-while 循环语句等。

4.3.1 if 条件语句

if 条件语句表示假如的意思，在程序运行中提供判断的功能，if 中可以有多个表达式，但所有表达式最后必须提供一个统一的 true 或者 false，if(true)则可以进入对应的代码块运行，否则会跳到下一个代码块中运行。其语法格式如下：

if (条件 1)

{

当条件 1 为 true 时执行的代码

}else if (条件 2)

{

当条件 2 为 true 时执行的代码

}else{

当条件 1 和 条件 2 都不为 true 时执行的代码

}

在下面的代码中，我们都知道 9 是小于 17 的，所以最后一个条件成立，输出结果为 a<b。

```
var a = 9,b = 17;
if(a>7){
   document.write('a>b');
}else if(a==b){
   document.write('a=b');
}else{
   document.write('a<b');
}
```

4.3.2 switch 选择语句

switch 选择语句表示多条件选择，符合哪个 case 的值就执行哪个 case 中的代码块，需要注意的是，在一般情况下，case 代码块中必须有 break 结尾，否则会继续执行后面 case 中的代码块。其语法格式如下：

switch(n)

{

case 1:

执行代码块 1

break;

case 2:

执行代码块 2

break;

default:

n 与 case 1 和 case 2 不同时执行的代码

}

在下面的实例中，实现了一个根据当前的日期时间为变量 x 赋值的功能，而且添加 break 表示只能有一个条件成立：

```
var day=new Date().getDay();
    switch (day)
    {
    case 0:
      x="今天是周日";
      break;
    case 1:
      x="今天是周一";
      break;
    case 2:
      x="今天是周二";
      break;
    case 3:
      x="今天是周三";
      break;
    case 4:
      x="今天是周四";
      break;
    case 5:
      x="今天是周五";
      break;
    case 6:
      x="今天是周六";
      break;
    }
    document.write(x);
```

4.3.3 for 循环

for 循环的应用场景如下：如果需要一遍又一遍地运行相同的代码，并且每次的值都不同，那么使用循环是很方便的。其语法格式如下：

for (语句 1; 语句 2; 语句 3)

{

被执行的代码块

}

for 循环中会使用两个关键字控制循环。

- continue：越过本次循环，继续下一次循环。
- break：跳出整个循环，循环结束。

在下面的实例中，第一个 for 循环定义了一个从 1 一直加到 100（i<=100）的算法，输出的第一个 sum 值为 5050；而第二个 for 循环定义了一个从 0 一直加到 9（i<9）但是去掉了为 5 的情况，输出的结果为 0,1,2,3,4,6,7,8,9；第三个 for 循环由于 break 在第 5 轮循环中被执行，循环被跳出，不再继续，所以输出的结果为 0,1,2,3,4。

```
//循环求和
var sum = 0;
for(var i=1;i<=100;i++){
   sum += i;
}
document.write(sum);          //输出 5050
//continue 越过一次循环
for(var i=0;i<10;i++){
      if(i==5){
         continue;            //跳过此次循环，继续下一循环
      }
      document.write(i+",");
   }
//跳出循环
for(var i=0;i<10;i++){
      if(i==5){
         break;               //跳出整个循环
      }
      document.write(i+",");
   }
```

4.3.4 for in 遍历

for in 语句循环遍历对象的属性，多用于对象、数组等复合类型，以遍历其中的属性和方法。其语法格式如下：

for (键 in 对象)

{

代码块

}

在下面的实例中，定义了一个 person 对象，该对象有 3 个属性：id、name 和 age，通过 for in 直接遍历 person 对象，并将 3 个属性名和其对应的属性值输出。

```
var person = {id:1,name:"张三",age:20};      //定义一个对象
for(key in person){
    document.write(key+":"+person[key]);
    document.write('<br/>');
}
```

输出结果如下图所示。

file:///C:/Users/ADMINI~1/AppD
您的收藏夹是空的，请从其他浏览器导入。 立即导入收藏夹...

id:1
name:张三
age:20

4.3.5 while 循环

while(表达式)，只要表达式为真，即可进入循环，while(true)是著名的死循环。其语法格式如下：

while(表达式){

　　代码块

}

在下面的实例中，第一个 while 循环定义了 i 和 sum 两个变量，并分别赋值为 1 和 0，然后在 while 循环中设定循环终止条件为 i<101，在循环体中执行 sum 和 i 相加，然后对 i 进行自加，所以输出第一个 sum 的值是从 1 一直加到 100 的和，其结果为 5050；而第二个 while 循环定义了变量 i 的值为 10，然后在 while 循环中设定循环终止条件始终为 true，在循环体中输出 i 的自加，然后在当 i 等于 20 时利用 break 跳出循环：

```
var i=1;
var sum=0;
while(i<101){
    sum += i;
    i++;
}
document.write(sum);          //输出 5050
//试试死循环
var i=10;
    while(true){
        document.write(i++);
        document.write('<br/>');
        if(i==20){
```

```
            break;              //如果不跳出，循环将永不停息
        }
    }
```

输出结果如下图所示。

4.3.6 do-while 循环

do-while(表达式)和 while 循环大同小异，只是语法格式稍有不同，这里不做详细的案例介绍，其语法格式如下：

```
do{
    代码
}while(表达式)
```

4.4 数组

数组对象是使用单独的变量名存储一系列的值，可理解为一个容器装了一堆元素。JavaScript 中数组包含的属性和方法如下表所示。

方　法	描　述
concat()	连接两个或者更多的数组，并返回结果
join()	把数组的所有元素放入一个字符串，元素通过指定的分隔符进行分隔
pop()	删除并返回数组的最后一个元素
push()	向数组的末尾添加一个或者更多元素，并返回新的长度
reverse()	颠倒数组中元素的顺序
shift()	删除并返回数组的第一个元素
slice()	从某个已有的数组返回选定的元素
sort()	对数组的元素进行排序
splice()	删除元素，并向数组添加新元素
toSource()	返回该对象的源代码

续表

方　法	描　述
toString()	将数组转换为字符串，并返回结果
toLocaleString()	将数组转换为本地数组，并返回结果
unshift()	向数组的开头添加一个或者更多元素，并返回新的长度
valueOf()	返回数组对象的原始值

4.4.1 数组定义

要使用一个数组，就需要先定义一个数组。在 JavaScript 中定义一个数组有以下几种方法。

- 方法 1：使用 new 关键字创建一个 Array 对象，可直接在内存中创建一个数组空间，然后向数组中添加元素。下面的实例定义了一个空的数组 mycar，然后又定义了一个指定数组长度为 3 的数组 mycars。

```
var mycar=new Array();
//也可以使用一个整数自变量控制数组的容量
var mycars=new Array(3);
```

- 方法 2：使用 new 关键字创建一个 Array 对象的同时为数组赋予 *n* 个初始值。下面的实例直接定义了一个包含元素"Saab""Volvo""BMW"的数组 mycars。

```
var mycars=new Array("Saab","Volvo","BMW");
```

- 方法 3：不用 new，直接用[]声明一个数组，同时可以直接赋予初始值，是最简便的一种声明方式。下面的实例同样定义了一个包含元素"Saab""Volvo""BMW"的数组 mycars，只是它直接用[]进行初始化赋值。

```
var mycars = ["Saab","Volvo","BMW"];
```

4.4.2 数组操作

JavaScript 中提供了很多数组操作，比较常用的有添加和删除元素、遍历数组、删除元素、插入元素、合并数组、数组转字符串、数组元素倒序、对数组元素进行排序等。

4.4.2.1 添加和删除元素（追加、插入）

为数组添加元素有两种方式：一种是直接为数组的下标赋值，另一种是直接用 push 方法追加数组。

- 直接为数组的下标赋值：准确地说，是直接为数组设置下标的同时为数组赋值，数组元素直接被用户设置在用户自定义的下标位置。在下面的实例中，我们先定义了一个空的数组 mycars，然后分别为下标为 0、1、2 赋值"Saab""Volvo""BMW"。需要注意的是，数组的下标是从 0 开始的。

```
var mycars=new Array();
```

```
mycars[0]="Saab";
mycars[1]="Volvo";
mycars[2]="BMW";
```

- 追加数组：无须为数组指定下标，而是将元素追加到元素尾部。在下面的实例中，我们仍然先定义了一个空的数组 mycars，然后调用数组的 push 方法在后面添加"Saab""Volvo""BMW"。所以，输出结果为 Saab、Volvo、BMW。

```
var mycars = new Array();
mycars.push("Saab");
mycars.push("Volvo");
mycars.push("BMW");
document.write(mycars);
```

4.4.2.2 遍历数组

在 JavaScript 中，遍历数组有两种方式：for 循环和 for...in 循环。

- 方法 1：先声明数组的长度，然后用 for 循环遍历整个数组。在下面的实例中，我们先定义了一个初始化元素为"Saab""Volvo""BMW"的数组 mycars，然后通过数组的 length 属性获取数组的长度 len，之后通过 for 循环遍历 mycars，并通过下标的方式获取数组的元素值。

```
var mycars = ["Saab","Volvo","BMW"];
var len = mycars.length;    //获取数组长度
for(i=0;i<len;i++){
  document.write(mycars[i]);
  document.write('<br/>');
}
```

输出结果如下图所示。

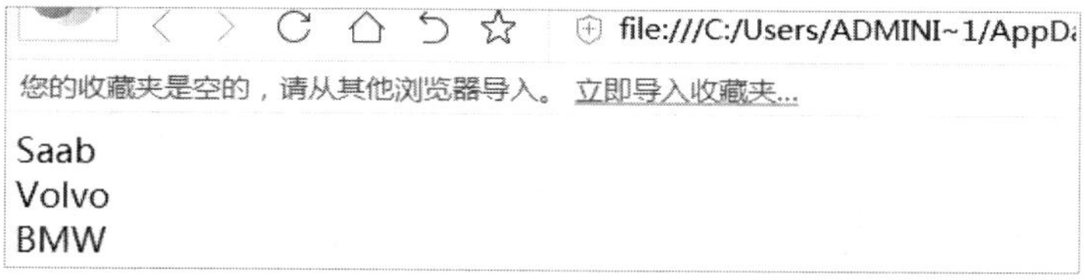

file:///C:/Users/ADMINI~1/AppD

您的收藏夹是空的，请从其他浏览器导入。 立即导入收藏夹...

Saab
Volvo
BMW

- 方法 2：使用 for…in 遍历，无须获得数组长度，先遍历出数组的下标，然后根据下标获取数组元素。在下面的实例中，我们先定义了一个初始化元素为"Saab""Volvo""BMW"的数组 mycars，然后直接通过 for...in 遍历 mycars 数组得到每个元素，之后同样通过 for 循环遍历 mycars，并通过下标的方式获取数组的元素值。

```
var mycars = ["Saab","Volvo","BMW"];
for(key in mycars){
    document.write(key+':'+mycars[key]);
    document.write('<br/>');
}
```

输出结果如下图所示。

file:///C:/Users/ADMINI~1/AppD
您的收藏夹是空的，请从其他浏览器导入。 立即导入收藏夹...
0:Saab
1:Volvo
2:BMW

提示：方法 2 的写法虽然更简洁一些，但从性能上看，方法 1 的性能更高一些，所以推荐使用方法 1 的方式遍历数组。

4.4.2.3 删除元素

JavaScript 为数组提供了删除元素的 pop 方法、shift 方法和 splice 方法，下面介绍 3 种方法的使用。

- pop 方法：从尾部删除，删除后元素从数组上剥离并返回。在下面的实例中，我们先定义了一个初始化元素为"Saab""Volvo""BMW"的数组 mycars，然后调用数组的 pop 方法，并且将返回值赋给 car 变量，此时 mycars 数组中只有"Saab""Volvo"两个元素，而 car 变量则是刚才尾部删除的元素"BMW"。

```
var mycars = ["Saab","Volvo","BMW"];
var car = mycars.pop();                    //从尾部弹出一个元素
document.write(mycars);
document.write('<br/>');
document.write(car);
```

- shift 方法：从头部删除元素，从头部剥离并返回。在下面的实例中，我们先定义了一个初始化元素为"Saab""Volvo""BMW"的数组 mycars，然后调用数组的 shift 方法，并且将返回值赋给 car 变量，此时 mycars 数组中只有"Volvo"和"BMW"两个元素，而 car 变量则是刚才头部删除的元素"Saab"。

```
var mycars = ["Saab","Volvo","BMW"];
var car = mycars.shift();                  //从头部删除
document.write(car);
document.write('<br/>');
document.write(car);
```

- splice 方法：从指定位置删除指定的元素，语法为数组.splice(索引位置,删除个数)。在下面的实例中，我们先定义了一个初始化元素为"Saab""Volvo""BMW"的数组 mycars，然后调用数组的 splice 方法指定从索引 1 的位置上删除两个元素，所以输出的结果 car 为"Volvo"和"BMW"，mycars 为"Saab"。

```
var mycars = ["Saab","Volvo","BMW"];
var car = mycars.splice(1,2);              //从索引 1 的位置上删除两个元素
document.write(car);                       //打印出删除出的元素
document.write('<br/>');
```

```
document.write(mycars);                    //打印出原数组中剩下的元素
```

输出结果如下图所示。

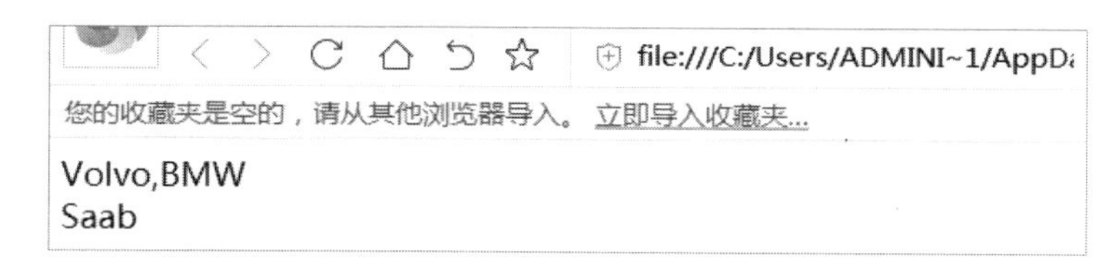

4.4.2.4 插入元素

在 JavaScript 中，除了前面学过的从尾部追加元素，数组中元素还可以运用 unshift 方法和 splice 方法插入。

- unshift 方法：从头部插入，语法为数组.unshift(元素 1)。在下面的实例中，我们先定义了一个初始化元素为"Saab""Volvo""BMW"的数组 mycars，然后调用数组的 unshift 方法为数组头部插入一个"奔驰"，并返回新的数组的长度，此时 mycars 数组中已经有"奔驰""Saab""Volvo""BMW"4 个元素。

```
var mycars = ["Saab","Volvo","BMW"];
//从数组头部插入一个新元素，返回新的数组长度
var newlen = mycars.unshift("奔驰");
document.write(newlen);                 //打印出数组新长度
document.write('<br/>');
document.write(mycars);
```

- splice 方法：从指定位置插入指定个数的元素，语法为数组.splice(索引位置,删除个数,插入元素 1,...,插入元素 n)。在下面的实例中，我们先定义了一个初始化元素为"Saab""Volvo""BMW"的数组 mycars，然后调用数组的 splice 方法指定从索引 1 的位置上删除 0 个元素，插入 3 个元素，所以输出的结果 mycars 为"宝马""奇瑞""奔驰""Saab" "Volvo""BMW"。

```
var mycars = ["Saab","Volvo","BMW"];
mycars.splice(1,0,"宝马","奇瑞","奔驰"); //从索引 1 位置删除 0 个并插入 3 个元素
document.write(mycars);
```

4.4.2.5 合并数组

JavaScript 为数组提供 concat 方法将多个数组连接成一个数组，语法为数组.concat(数组 1,数组 2,...,数组 n)。在下面的实例中，我们先分别定义了 3 个数组 arr、arr1 和 arr2，然后通过 arr 数组调用 concat 方法将 arr1 和 arr2 合并进来，从而形成一个新的数组 newArr。

```
var arr = [1,3,5];
var arr1 = [2,4,6];
var arr2 = [7,8,9]
var newArr = arr.concat(arr1,arr2);      //合并 3 个数组
document.write(newArr);                  //输出
```

输出结果如下图所示。

file:///C:/Users/ADMINI~1/AppD
您的收藏夹是空的，请从其他浏览器导入。立即导入收藏夹...
1,3,5,2,4,6,7,8,9

4.4.2.6　数组转字符串

在 JavaScript 中，数组提供 join 方法将数组中的元素合并成一个用指定分割符合并起来的字符串，语法为数组.join(分隔符)。在下面的实例中，我们先定义了一个数组，然后通过调用数组的 join 方法并传入参数"|"实现连接成字符串。

```
var mycars = ['宝马','奔驰','奇瑞','标致','捷达'];
var cars = mycars.join("|");             //用|连接
document.write(cars);
```

输出结果如下图所示。

4.4.2.7　数组元素倒序

在 JavaScript 中，调用数组的 reverse 方法可以将数组中的元素倒序排列，而且直接改变原来的数组，不会创建新的数组。在下面的实例中，我们先定义了一个数组，然后通过调用数组的 reverse 方法达到将数组倒序的效果。

```
var mycars = ['宝马','奔驰','奇瑞','标致','捷达'];
mycars.reverse();                          //数组倒序
document.write(mycars);
```

输出结果如下图所示。

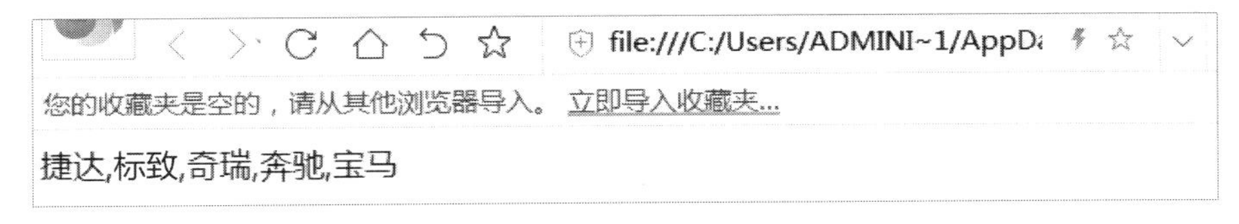

4.4.2.8　对数组元素进行排序

在 JavaScript 中，数组还提供了 sort 方法解决简单的排序，可以将数组中的元素按照一定的规则自动排序（默认的是按字符的 ASCII 码顺序排序）。在下面的实例中，我们先定义了一个数组，并向数组中添加了 6 个字符串元素，然后通过调用数组的 sort 方法实现排序。

```
//字符串排序
var arr = new Array();
arr[0] = "George";
arr[1] = "John";
arr[2] = "Thomas";
arr[3] = "James";
arr[4] = "Adrew";
arr[5] = "Martin";
document.write('排序前:'+ arr + "<br />");
document.write('排序后:'+arr.sort());
```

输出结果如下图所示。

file:///C:/Users/ADMINI~1/AppD

您的收藏夹是空的，请从其他浏览器导入。 立即导入收藏夹...

排序前:George,John,Thomas,James,Adrew,Martin
排序后:Adrew,George,James,John,Martin,Thomas

4.4.3 二维数组

如果一个数组中的元素本身也是一个数组，那么这种嵌套结构其实可以构造出 n 维数组，n 维数组可以存储带嵌套结构的数据，下面以二维数组为例进行介绍。在下面的实例中，我们先定义了一个空数组，然后通过 for 循环为数组中每一个元素同样赋值为数组，在每一层循环中再嵌套 for 循环通过调用数组的 push 方法为里层的数组赋值，从而形成一个元素本身也是数组的二维数组。

```
var arr = new Array();
for(i=0;i<5;i++){
arr[i]=new Array();          //每个元素声明为一个新数组
for(j=0;j<8;j++){
            arr[i].push(i*j);
}
}
var len = arr.length;        //获取 arr 的长度
var clen = arr[0].length;    //获取子数组的长度
for(i=0;i<len;i++){          //循环打印出二维数组
for(j=0;j<clen;j++){
            document.write(arr[i][j]);
            document.write(",");
}
document.write('<br/>');
}
```

输出结果如下图所示。

您的收藏夹是空的，请从其他浏览器导入。 立即导入收藏夹...

0,0,0,0,0,0,0,0,
0,1,2,3,4,5,6,7,
0,2,4,6,8,10,12,14,
0,3,6,9,12,15,18,21,
0,4,8,12,16,20,24,28,

4.5 字符串操作

由于字符串是一种基本的数据格式，各种语言均必须支持它，因此也成为各种语言实现通信的最通用格式。字符串的操作在 JavaScript 程序中非常频繁，主要包含以下几方面内容。

- 字符串对象属性，详见下表。

属　性	描　述
constructor	对创建该对象的函数的引用
length	字符串的长度
prototype	允许向对象添加属性和方法

- 字符串对象方法，详见下表。

方　法	描　述
anchor()	创建 HTML 锚
big()	用大号字体显示字符串
blink()	显示闪动字符串
bold()	使用粗体显示字符串
charAt()	返回在指定位置的字符
charCodeAt()	返回在指定位置的字符的 Unicode 编码
concat()	连接字符串
fixed()	以打字机文本显示字符串
fontcolor()	使用指定的颜色显示字符串
fontsize()	使用指定的尺寸显示字符串
fromCharCode()	从字符编码创建一个字符串
indexOf()	检索字符串
italics()	使用斜体显示字符串
lastIndexOf()	从后向前搜索字符串
link()	将字符串显示为链接
localeCompare()	用本地特定的顺序比较两个字符串
match()	找到一个或者多个正则表达式的匹配
replace()	替换与正则表达式匹配的子串
search()	检索与正则表达式相匹配的值

续表

方　法	描　述
slice()	提取字符串的片断，并在新的字符串中返回被提取的部分
small()	使用小字号显示字符串
split()	将字符串分割为字符串数组
strike()	使用删除线显示字符串
sub()	将字符串显示为下标
substr()	从起始索引号提取字符串中指定数目的字符
substring()	提取字符串中两个指定的索引号之间的字符
sup()	将字符串显示为上标
toLocaleLowerCase()	将字符串转换为小写
toLocaleUpperCase()	将字符串转换为大写
toLowerCase()	将字符串转换为小写
toUpperCase()	将字符串转换为大写
toSource()	代表对象的源代码
toString()	返回字符串
valueOf()	返回某个字符串对象的原始值

- 获取字符串长度：获取字符串的长度经常会用到，方法很简单，长度 = 数组.length。在下面的实例中，我们直接通过 mystr 字符串的 length 属性就能获取到长度。

```
var mystr="qingchenghuwoguoxiansheng,woaishenghuo,woaiziji";
var arrLength=mystr.length;    //47
```

4.5.1 字符串连接

在 JavaScript 中，可以直接将两个或者多个字符串进行加法操作，也可以使用 JavaScript 提供的 concat 函数，具体的操作如下。

- 加法操作：直接用+进行字符串连接。在下面的实例中，+将 mystr1、空格和 mystr2 进行连接，形成一个新的字符串 newStr，值为 Hello world!。

```
var mystr1="Hello";
var mystr2="world!";
var newStr=mystr1+" "+mystr2;    //Hello world!
```

- concat 函数：语法为字符串.concat(字符串 1,字符串 2,...)，concat()函数可以有多个参数，传递多个字符串，拼接多个字符串。在下面的实例中，我们通过调用字符串 mystr1 的 concat 方法将 mystr2、mystr3、空格和 mystr4 连接在一起形成一个新的字符串 newStr，值为 Hello world,Hello guoxiansheng。

```
var mystr1="Hello";
var mystr2=" world,";
var mystr3="Hello";
var mystr4="guoxiansheng";
//Hello world,Hello guoxiansheng
```

```
var newStr=mystr1.concat(mystr2+mystr3+" "+mystr4);
```

4.5.2　字符串搜索

在 JavaScript 中，字符串搜索包括 indexOf()、lastIndexOf()、search()和 match()。

- indexOf()，语法为字符串.indexOf(搜索词,起始索引位置) //第 2 个参数不写则默认从 0 开始搜索。indexOf()用于检索指定的字符串值在字符串中首次出现的位置。在下面的实例中，我们通过调用 str 的 indexOf()分别打印出 a、从第三个索引起 a 和 bc 的索引位置。

```
var str = 'abcdeabcde';
console.log(str.indexOf('a'));       // 返回 0
console.log(str.indexOf('a', 3));    // 返回 5
console.log(str.indexOf('bc'));      // 返回 1
```

- lastIndexOf()，语法为字符串.lastIndexOf(搜索词,起始索引位置)。lastIndexOf()语法与 indexOf()类似，不同之处在于其检索顺序是从后向前，它返回的是一个指定的子字符串值最后出现的位置。在下面的实例中，我们通过调用 str 的 indexOf()分别打印出最后 a 和从第三个索引起最后 a 的索引位置。

```
var str = 'abcdeabcde';
console.log(str.lastIndexOf('a'));       // 返回 5
console.log(str.lastIndexOf('a', 3));  // 返回 0，从索引 3 的位置往前检索
```

- search()，语法为字符串.search(搜索词) 或者字符串.search(正则表达式)。search()用于检索字符串中指定的子字符串，或者检索与正则表达式相匹配的子字符串。它会返回第一个匹配的子字符串的起始位置，如果没有匹配的，则返回-1。在下面的实例中，我们通过调用字符串 str 的 search()分别搜索了 c、d，以及正则表达式为/d/i 的索引位置。

```
var str = 'abcDEF';
console.log(str.search('c'));   //返回 2
console.log(str.search('d'));   //返回-1
console.log(str.search(/d/i)); //返回 3，正则语法/i 表示忽视大小写，正则表达式后续学习
```

- match()，语法为字符串.match(搜索词) 或者字符串.match(正则表达式)。match()可在字符串内检索指定的值，或者找到一个或者多个正则表达式的匹配。如果参数中传入的是搜索词或是没有进行全局匹配的正则表达式，那么 match()会从开始位置执行一次匹配，如果没有匹配到结果，则返回 null。否则，会返回一个数组，该数组的第 0 个元素存放的是匹配文本，除此之外，返回的数组还含有两个对象属性，即 index 和 input，分别表示匹配文本的起始字符索引和字符串的引用（即原字符串）。在下面的实例中，我们通过调用字符串 str 的 match()分别检查了 h、b，以及正则表达式为/b/的匹配结果。

```
var str = '1a2b3c4d5e';
```

```
console.log(str.match('h'));    //返回null
console.log(str.match('b'));    //返回["b", index: 3, input: "1a2b3c4d5e"]
console.log(str.match(/b/));    //返回["b", index: 3, input: "1a2b3c4d5e"]
```

4.5.3 字符串截取

JavaScript 为字符串提供了 3 种字符串截取的方法：substring()、slice()和 substr()。

- substring()，语法为字符串.substring(截取开始位置,截取结束位置)。substring()是最常用的字符串截取方法，它可以接收两个参数（参数不能为负值），分别是截取开始位置和截取结束位置，它将返回一个新的字符串，其内容是从截取开始位置处到截取结束位置-1 处的所有字符。若结束参数（截取结束位置）省略，则表示从截取开始位置一直截取到最后。在下面的实例中，我们通过调用字符串 str 的 substring()分别截取了索引为从 1 到 4、索引为从 1 到结尾和索引从-1 到结尾的字符串，打印结果分别为 bcd、bcdefg 和 abcdefg。

```
var str = 'abcdefg';
console.log(str.substring(1, 4));   //返回 bcd
console.log(str.substring(1));      //返回 bcdefg
console.log(str.substring(-1));     //返回 abcdefg，传入负值时会视为 0
```

- slice()，语法为字符串.slice(截取开始位置,截取结束位置)。slice()与 substring()类似，它传入的两个参数也为截取开始位置和截取结束位置。而区别在于，slice()中的参数可以为负值，如果参数是负数，则该参数规定的是从字符串的尾部开始算起的位置。也就是说，-1 是指字符串的最后一个字符。在下面的实例中，我们通过调用字符串 str 的 slice()分别截取了索引为从 1 到 4、索引为从-3 到-1、索引为从 1 到-1 和索引为从-1 到-3 的字符串，打印结果分别为 bcd、ef、bcdef 和空字符串。

```
var str = 'abcdefg';
console.log(str.slice(1, 4));       //返回 bcd
console.log(str.slice(-3, -1));     //返回 ef
console.log(str.slice(1, -1));      //返回 bcdef
console.log(str.slice(-1, -3));     //返回空字符串
```

- substr()，语法为字符串.substr(截取开始位置,length)。substr()可在字符串中抽取从截取开始位置下标开始的指定数目的字符。其返回值为一个字符串，包含从字符串的截取开始位置（包括截取开始位置所指的字符）处开始的 length 个字符。如果没有指定 length，那么返回的字符串包含从截取开始位置到字符串结尾的字符。另外，如果截取开始位置为负数，则表示从字符串尾部开始算起。在下面的实例中，我们通过调用字符串 str 的 substr 方法分别截取了索引为从 1 到 3、索引为从 2 到结尾和索引为从-2 到 4 的字符串，打印结果分别为 bcd、cdefg 和 fg。

```
var str = 'abcdefg';
console.log(str.substr(1, 3))   //返回 bcd
console.log(str.substr(2))      //返回 cdefg
```

```
console.log(str.substr(-2, 4)) //返回 fg，如果目标长度较大，则以实际截取的长度为准
```

4.5.4　字符串替换

在 JavaScript 中，字符串的替换很常用，即字符串的 replace()，语法为字符串.replace(正则表达式/要被替换的字符串,要替换成为的子字符串)。replace()用于进行字符串替换操作，它可以接收两个参数：前者为要被替换的子字符串（可以是正则），后者为要替换成为的子字符串。如果第一个参数传入的是子字符串或是没有进行全局匹配的正则表达式，那么 replace()将只进行一次替换（即替换最前面的），返回经过一次替换后的结果字符串。在下面的实例中，我们通过调用字符串 str 的 replace()分别将第一个小写的 a 替换成大写的 A，以及将正则为/a/替换成大写的 A。

```
var str = 'abcdeabcde';
console.log(str.replace('a', 'A'));
console.log(str.replace(/a/, 'A'));
```

提示：如果第一个参数传入的是全局匹配的正则表达式，那么 replace()将会对符合条件的子字符串进行多次替换，最后返回经过多次替换的结果字符串。

4.5.5　字符串切割

在 JavaScript 中，切割字符串同样是用 split()，split()用于将一个字符串分割成字符串数组，语法为字符串.split(用于分割的子字符串,返回数组的最大长度)。其中，返回数组的最大长度一般情况下不设置。在下面的实例中，我们通过调用字符串 str 的 split 方法分别按照符号|切割、按照符号|切割三次及按照空格切割，打印的结果分别为["a", "b", "c", "d", "e"]、["a", "b", "c"]和["a", "|", "b", "|", "c", "|", "d", "|", "e"]。

```
var str = 'a|b|c|d|e';
//返回["a", "b", "c", "d", "e"]
console.log(str.split('|'));
//返回["a", "b", "c"]
console.log(str.split('|', 3));
//返回["a", "|", "b", "|", "c", "|", "d", "|", "e"]
console.log(str.split(''));
```

提示：也可以用正则进行分割。

4.6　正则表达式

正则表达式是由一个字符序列形成的搜索模式。在文本中搜索数据时，可以用搜索模式描述要查询的内容。正则表达式可以是一个简单的字符，也可以是一个更复杂的模式。正则表达式可用于所有文本搜索、文本替换、文本提取等操作。

4.6.1 正则表达式的组成

正则表达式是由普通字符（如字符 a～z）及特殊字符（称为元字符）组成的文字模式。正则表达式作为一个模板，将某个字符模式与所搜索的字符串进行匹配。正则表达式 = 普通字符+特殊字符（元字符）。正则表达式包含匹配符、限定符、定位符、转义符等。

- 匹配符。字符匹配符用于匹配某个或者某些字符。在正则表达式中，通过一对方括号括起来的内容，可称为“字符簇”，其表示的是一个范围，但实际匹配时，只能匹配固定的某个字符。

[a-z]：匹配小写字母从 a～z 中的任意一个字符。

[A-Z]：匹配大写字母从 A～Z 中的任意一个字符。

[0-9]：匹配数字 0～9 中任意一个字符，相当于\d。

[0-9a-z]：匹配数字 0～9 或者小写字母 a～z 中任意一个字符。

[0-9a-zA-Z]：匹配数字 0～9、小写字母 a～z 或者大写字母 A～Z 中的任意一个字符。

[abcd]：匹配字符 abcd 中的任意一个字符。

[1234]：匹配数字 1234 中的任意一个字符。

在字符簇中存在一个特殊符号^（脱字节），脱字节在字符簇代表取反的含义。

[^a-z]：匹配除小写字母 a～z 外的任意一个字符。

[^0-9]：匹配除数字 0～9 外的任意一个字符。

[^abcd]：匹配除 abcd 外的任意一个字符。

在下面的实例中，我们先定义一个/[^0-9]/的正则，然后在字符串 str 中匹配结果。

```
var str = '138i26579287';          //定义一个字符串
var reg = /[^0-9]/;                //查看电话号码中是否含有数字以外的字符
document.write(str.search(reg));//若找到，则返回找到的位置；若没有找到，则返回-1
```

运行结果如下图所示。

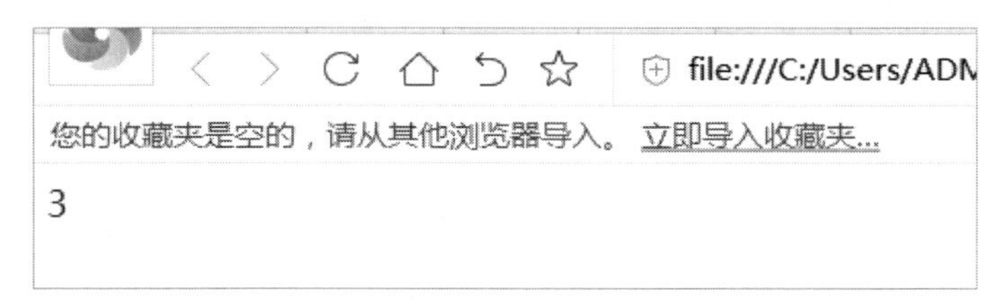

- 限定符。限定符可以指定正则表达式的一个给定组件必须要出现多少次才能满足匹配。

*：匹配前面的子表达式零次或者多次，可以使用{0,}代替。

+：匹配前面的子表达式一次或者多次，可以使用{1,}代替。

?：匹配前面的子表达式零次或者一次，可以使用{0,1}代替。

{n}：匹配确定的 n 次，如{18}，连续匹配 18 次。

{n,}：至少匹配 n 次，如{1,}，代表最少匹配 1 次。

{n,m}：最少匹配 n 次且最多匹配 m 次，如{1,7}代表最少匹配 1 次最多匹配 7 次。

```
示例代码：
var tel = '我的电话是:1314567092';    //定义一个字符串
var reg = /[\d]{11}/;                 //含有 11 个数字的正则
document.write(tel.search(reg));      //若符合，则返回 0；若不符合，则返回-1
```

运行结果如下图所示。

如上图所示，因为电话号码少了 1 位，不够 11 位，所以返回-1。

- 定位符。定位符可以将一个正则表达式固定在一行的开始或者结束，也可以创建只在单词内或者只在单词的开始或者结尾处出现的正则表达式。

^：匹配输入字符串的开始位置（以***开始）。

$：匹配输入字符串的结束位置（以***结束）。

\b：匹配一个单词边界（字符串开头、结尾、空格、逗号、点号等符号）。

\B：匹配非单词边界。

在下面的实例中，先定义一个/^[\d]{4}-[\d]{1,2}-[\d]{1,2}$/的正则，然后在字符串 str 中匹配结果。因为日期最后多出 1 位，所以正则返回 false。

```
//定义一个字符串
var str = '2019-2-123';
//数字{4}个开头-数字{1 个或者 2 个}-数字{1 个或者 2 个}结尾
var reg = /^[\d]{4}-[\d]{1,2}-[\d]{1,2}$/;
//改为用正则对象的 test 校验，符合返回 true，不符合返回 false
document.write(reg.test(str));
```

运行结果如下图所示。

- 转义符。在正则表达式中，如果遇到特殊符号，则必须使用转义符（反斜杠\）进行转义，如（)、[ ]、*、+、?、.（点号）、/、\、^、$等都是特殊符号。在下面的实例中，先定义一个/[\+]/的正则，然后在字符串 str 中匹配结果。

```
var str = '16+5=21';     //定义一个字符串
var reg = /[\+]/;        //校验含有+号
document.write(reg.test(str));
```

执行结果如下图所示。

表达式 g、i、m：g 表示全局（Global）模式，即模式将被应用于所有字符串，而非在发现第一个匹配项时立即停止；i 表示不区分大小写（Case-insensitive）模式，即在确定匹配项时忽略模式与字符串的大小写；m 表示多行（Multiline）模式，即在到达一行文本末尾时还会继续查找下一行中是否存在与模式匹配的项。在下面的实例中，先定义一个/[0-9]+/g 的正则，然后在字符串 str 中匹配结果。

```
var str = '16+5=21';              //定义一个字符串
//校验所有数字，g 表示通配整个字符串，无 g 会找到第一个匹配的字符后停止
var reg = /[0-9]+/g;
document.write(str.match(reg));//将所有符合正则的字符放进一个数组
```

运行结果如下图所示。

4.6.2 正则表达式所用的方法

在 JavaScript 中，正则表达式有两种使用方法，即字符串方法和正则对象方法。通常情况下直接用字符串方法就能实现。

- 字符串方法，如下表所示。

方　法	描　述
search()	检索与正则表达式相匹配的值
match()	找到一个或者多个正则表达式的匹配
replace()	替换与正则表达式匹配的字符串
split()	将字符串分割为字符串数组

- 正则对象（regExp）方法，如下表所示。

方　法	描　述
test()	该方法用于检测一个字符串是否匹配某个模式，如果字符串中含有匹配的文本，则返回 true，否则返回 false
exec()	该方法用于检索字符串中的正则表达式的匹配，该函数返回一个数组，其中存放匹配的结果。如果未找到匹配，则返回值为 null

4.7 对象

Object（对象）是一个以键值对形式存储属性的集合，每个属性有一个特定的名称，以及与名称相对应的值。其实这种关系是有一个专有名称的，可称为映射。对对象来说，除了可以通过这种方式保持自有属性，还可以通过继承的方式获取继承属性，这种方式可称为“原型式继承”。

4.7.1 对象的声明

在 JavaScript 中，声明一个对象有两种方法，分别通过赋值 new Object()和{}实现。

- new Object()：声明一个类，然后使用 new 关键字创建一个拥有独立内存区域和指向原型的指针的对象。在下面的实例中，先通过 function()声明一个类 User，然后通过 new User()实例化一个对象 user1，并传入需要的 id 和 name 属性，user2 同理。

```
//方法一
var User = function(id,name){        //声明一个类
      this.id=id;                    //this 表示此类的成员
      this.name=name;
}
var user1 = new User(1,"张三");      //实例化一个对象
document.write(user1.name);
document.write("<br/>");
var user2 = new User(2,"李四");
document.write(user2.name);
```

运行结果如下图所示。

file:///C:/Users/ADMINI~1/AppD

您的收藏夹是空的，请从其他浏览器导入。 立即导入收藏夹...

张三
李四

- {}：对象直接申明法，利用现有值，直接实例化一个对象。在下面的实例中，变量 user1 直接通过{属性名:属性值,...}声明为一个对象，也可以通过 Object.create({属性名:属性值,...)声明对象 user2。

```
var user1 = {id:1,name:"张三"};
var user2 = Object.create({id:2,name:"李四"});
```

```
document.write(user1.name);
document.write("<br/>");
document.write(user2.name);
```

运行结果如下图所示。

4.7.2　对象的属性

既然是对象，里面就可以包含属性，属性又分为属性名和属性值。在 JavaScript 中，对象可以动态地操作属性，还可以添加、删除、检测属性。

- 添加属性：为已存在的对象添加属性。可以采用对象.属性名和对象["属性名"]的方式添加属性。在下面的实例中，我们先用{}声明了一个空的对象 user，然后为 user 添加 id、name、age 和 career 4 个属性。

```
var user = {};              //声明一个对象
user.id=1;                  //为对象添加属性
user["name"]="张三";        //既可以用点访问属性，也可以用字符串作为键访问属性
user.age = 20;
user["career"] = "学生";
document.write(user.name);
document.write("<br/>");
document.write(user["age"]);
```

运行结果如下图所示。

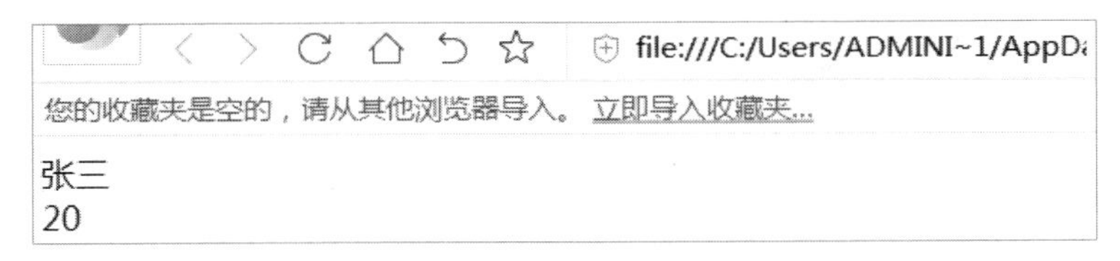

- 删除属性：可以添加属性，当然也可以删除属性。在下面的实例中，我们先用{}声明一个空的对象 user，再为 user 添加 id、name、age 和 career 4 个属性。然后将 name 的属性通过 delete 进行删除，所以最终的 user 对象中只有 id、age 和 career 3 个属性。

```
var user = {};              //声明一个对象
user.id=1;                  //为对象添加属性
user["name"]="张三";        //既可以用点访问属性，也可以用字符串作为键访问属性
user.age = 20;
user["career"] = "学生";
delete user.name;           //删除对象中的 name 属性
document.write(user.name);
```

```
document.write("<br/>");
document.write(user["age"]);
```

运行结果如下图所示。

file:///C:/Users/ADMINI~1/AppD
您的收藏夹是空的，请从其他浏览器导入。立即导入收藏夹...
undefined
20

- 检测属性：判断某个属性是否存在于此对象中，其实有 3 种检测方式，我们只介绍其中相对简单的一种。在下面的实例中，我们先用{}声明了一个空的对象 user，然后为 user 添加 id、name、age 和 career 4 个属性。如果知道具体的属性名，可以通过判断该属性名 in 对象的方式检测该属性在对象中是否存在。

```
var user = {};              //声明一个对象
user.id=1;                  //为对象添加属性
user["name"]="张三";        //既可以用点访问属性，也可以用字符串作为键访问属性
user.age = 20;
user["career"] = "学生";
if('career' in user){
    alert("有 career 属性");
}else{
    alert("无 career 属性");
}
```

运行结果如下图所示。

提示： *还可以通过对象.hasOwnProperty（属性名）方法检测该属性在对象中是否存在。*

4.7.3　对象的方法

对象中除了有属性，也可以有方法，对象中的方法和属性一样，可以动态地添加和动态地删除。但方法只能通过对象.方法名创建。在下面的实例中，我们先用{}声明了一个空的对象 user，然后为 user 添加了 id、name、age、career 和 courses 5 个属性。之后又定义了 chooseCourse 方法，该方法旨在为 courses 中的数组添加元素，后面通过该方法为 user 对象的 courses 的数组添加了数据结构、高等数学和 Java 3 个元素。

```
var user = {};              //声明一个对象
user.id=1;                  //为对象添加属性
user["name"]="张三";        //既可以用点访问属性，也可以用字符串作为键访问属性
user.age = 20;
```

```
user["career"] = "学生";
user.courses = [];        //所选课程
user.chooseCourse = function(courseName){       //选课方法
    user.courses.push(courseName)
}

user.chooseCourse("数据结构");                   //调用选课方法
user.chooseCourse("高等数学");
user.chooseCourse("Java");

document.write(user.name+"所选的课程是:"+user.courses);
```

运行结果如下图所示。

file:///C:/Users/ADMINI~1/AppD

您的收藏夹是空的，请从其他浏览器导入。 立即导入收藏夹...

张三所选的课程是:数据结构,高等数学,Java

4.7.4 对象的遍历

JavaScript 中还提供了对象的遍历方法，可以用 for…in 方式遍历出对象的键，然后用键访问对象的全部属性和方法。在下面的实例中，我们先用{}声明了一个空的对象 user，然后为 user 添加了 id、name、age、career 和 courses 5 个属性。之后又定义了 chooseCourse 方法，该方法为 user 对象的 courses 中的数组添加了数据结构、高等数学和 Java 3 个元素。最后通过 for...in 遍历 user 对象获取对象元素的属性名，然后通过对象[属性名]读取属性值。

```
var user = {};              //声明一个对象
user.id=1;                  //为对象添加属性
user["name"]="张三";        //既可以用点访问属性，也可以用字符串作为键访问属性
user.age = 20;
user["career"] = "学生";
user.courses = [];          //所选课程
user.chooseCourse = function(courseName){    //选课方法
    user.courses.push(courseName)
}
user.chooseCourse("数据结构");                //调用选课方法
user.chooseCourse("高等数学");
user.chooseCourse("Java");

for(var key in user){                        //用 for...in 遍历出 user 的键
    document.write(key+"="+user[key]);
    document.write("<br/>");
}
```

运行结果如下图所示。

file:///C:/Users/ADMINI~1/AppDa　小区白

您的收藏夹是空的，请从其他浏览器导入。 立即导入收藏夹...

id=1
name=张三
age=20
career=学生
courses=数据结构,高等数学,Java
chooseCourse=function (courseName){ //选课方法 user.courses.push(courseName) }

4.8　函数

函数是一组延迟动作集的定义，可以通过事件触发或者在其他脚本中进行调用。在 JavaScript 中，通过函数对脚本进行有效的组织，脚本可以更加结构化、模块化，同时更易于理解和维护。函数是事件驱动、可重复使用的代码块，它是用来帮助封装、调用代码的工具。函数由函数名、参数、函数体、返回值 4 部分组成。其中，参数可有可无，返回值也可有可无，可以根据需要选用。函数语法格式如下：

```
function 函数名(参数) {
  函数体
  return 返回值;
}
```

4.8.1　函数的声明

函数在使用之前需要进行声明。函数有以下 3 种声明方式：通过函数名声明，在程序调用时才能执行；通过将匿名函数赋值给变量，调用时可以执行；通过 new 的方式来声明，不需要调用，直接执行，此种方式不常用。

在下面的实例中，分别通过 3 种方式对函数进行声明，并在函数中定义输出内容，执行程序显示结果。

```
示例代码：
function fun1(){                              //函数名
        document.write('我是函数 fun1');      //函数体
        document.write('<br/>');
    }
    fun1();                                   //必须调用才能执行

    var fun2 = function(){                    //匿名函数赋值给 fun2
        document.write('我是函数 fun2');
        document.write('<br/>');
    }
    fun2();

    var fun3 = new Function(                  //无须调用，直接执行，此方法不常用
```

```
        document.write('我是函数 fun3')
    );
```

执行结果如下图所示。

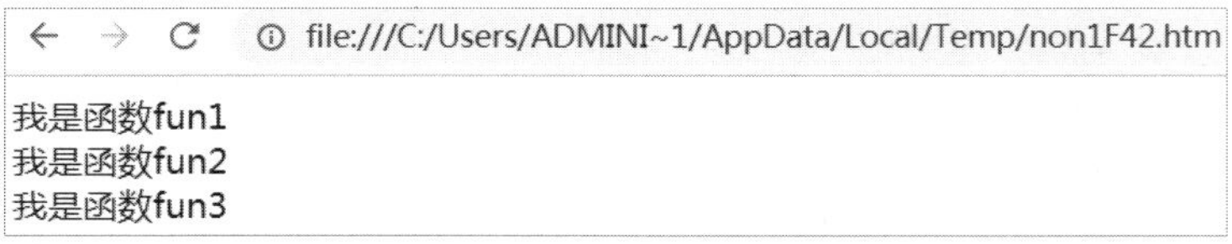

```
file:///C:/Users/ADMINI~1/AppData/Local/Temp/non1F42.htm
我是函数fun1
我是函数fun2
我是函数fun3
```

在上面的函数声明中函数都是没有参数的，其实对函数的参数来说，可以无参数，可以有有限个参数，也可以有不定长参数。下面的实例分别对函数的参数进行介绍，函数 fun1 定义的是无参函数，函数 fun2 定义的是含有两个参数的函数，函数 fun3 定义的是含有变长参数的函数。

```
示例代码:
function fun1(){                    //无参数
    document.write('无参数');
    document.write('<br/>');
}
fun1();

function fun2(a,b){                 //两个参数
    document.write('两个参数 a='+a+',b='+b);
    document.write('<br/>');
}
fun2('hello','世界');

function fun3(...param){            //变长参数
    len = param.length;
    for(i=0;i<len;i++){
        document.write('参数'+i+'='+param[i]);
        document.write(',');
    }
}
fun3(1,3,5,7,9);
```

执行结果如下图所示。

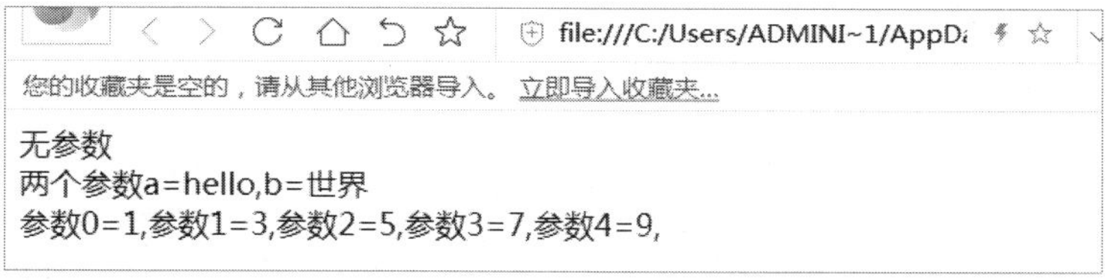

```
file:///C:/Users/ADMINI~1/AppD
您的收藏夹是空的，请从其他浏览器导入。 立即导入收藏夹...
无参数
两个参数a=hello,b=世界
参数0=1,参数1=3,参数2=5,参数3=7,参数4=9,
```

对含参数的函数来说，可以对参数设置默认值，如果没有传入此参数，参数将按照默认值参与表达式运算，如果传入则按传入值运算。在下面的实例中，函数 fun1 中的两个参数分别是 name 和 age，第一次调用没有传入参数，使用默认的“貂蝉”和“21”，第二次调

用传入 name 参数，则只是用默认的“21”，第三次两个参数都传递进去，所以不使用默认的参数。

```
示例代码：
function fun1(name,age){
    name=name||'貂蝉';  //如果 name 参数没有传入，默认是||后面的值
    age=age||21;
    document.write('你好! 我是'+name+'，今年'+age+'岁。');
  }
  fun1();
  document.write('<br/>');
  fun1('吕布');
  document.write('<br/>');
  fun1('关羽',30);
```

执行结果如下图所示。

file:///C:/Users/ADMINI~1/AppD

您的收藏夹是空的，请从其他浏览器导入。 立即导入收藏夹...

你好！我是貂蝉，今年21岁。
你好！我是吕布，今年21岁。
你好！我是关羽，今年30岁。

4.8.2　函数的返回值

函数执行完毕后可以有返回值也可以没有返回值，有返回值时可以返回一个值，也可以返回一个数组，还可以返回一个对象等。在下面的实例中，函数 fun1 返回一个值，函数 fun2 返回数组，函数 fun3 返回对象，分别展示返回各种结果的类型。

```
示例代码：
  //返回一个结果
  function fun1(a,b){
   return a+b;
  }
  var rs = fun1(3,9);
  document.write(rs);
  document.write('<br/>');
  //返回一个数组
  function fun2(a,b){
     arr = [];
     arr.push(a*3);
     arr.push(b*3);
     return arr;
  }
  var arr = fun2(3,9);
  document.write(arr);
  document.write('<br/>');
```

```
//返回一个对象
function fun3(id,name){
    obj = {};
    obj['id']=id;
    obj['name']=name;
    return obj;
}
var obj = fun3(5,'赵云');
document.write(obj);
document.write('<br/>');
document.write(obj.name);
```

执行结果如下图所示。

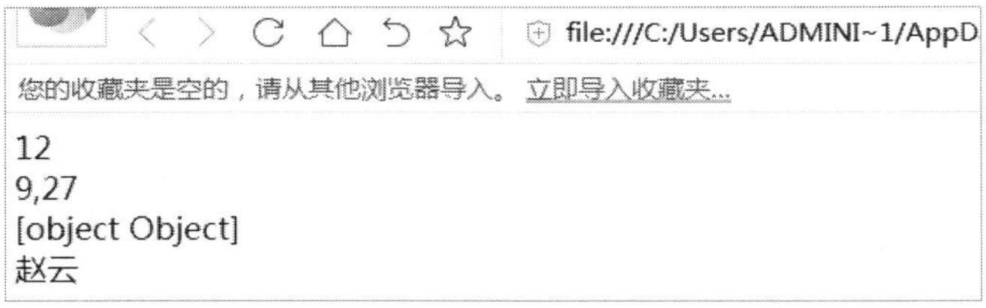

file:///C:/Users/ADMINI~1/AppD
您的收藏夹是空的，请从其他浏览器导入。 立即导入收藏夹...
12
9,27
[object Object]
赵云

4.8.3 函数的调用

函数的调用有传值调用、传址调用、传函数调用等方式。传值调用，顾名思义就是将参数的值传递给函数，而函数在进行调用时会复制这个值，然后将复制的值在函数中进行运算，如果这个被复制的值在函数体内发生了改变，不会影响原值，传值调用所传入的参数均为简单类型，包括数字、字符串、布尔型变量、字符等；传址调用，就是将参数的内存地址传给函数进行调用，当此参数在函数体内被改变，原值也会发生改变，传址调用所转入的参数必须是复合类型，包括数组、对象等；传函数调用，是函数既可以作为返回值返回，也可以作为一个参数传入另一个函数中。

在下面的实例中，分别展示了传值调用和传址调用两种方式的显示内容，可以看到，变量 a 在 fun1()中被赋值为“你好”，但打印出的 a 值依然是 hello；而对象 b 在 fun2()中 name 值从“张三”被修改为“李四”，所以就打印出了“李四”。这说明简单类型的字符串作为函数参数执行的是传值调用，而复合类型的对象作为函数参数执行的是传址调用。

```
示例代码:
    //传值调用
    function fun1(str){
        str = '你好';
    }
    var a = 'hello';        //字符串类型
    fun1(a);
    document.write('传值调用, a='+a);

    document.write('<br/>');
```

```
//传址调用
function fun2(person){
    person.name='李四';
}
var b = {name:'张三'};
fun2(b);
document.write('传址调用,person.name='+b.name);
```

执行结果如下图所示。

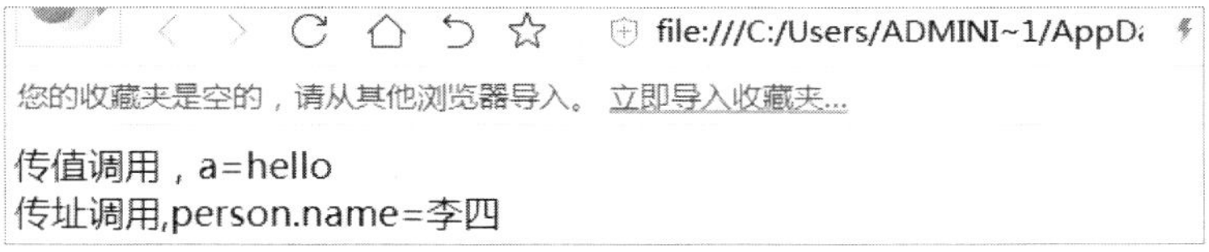

file:///C:/Users/ADMINI~1/AppD
您的收藏夹是空的，请从其他浏览器导入。 立即导入收藏夹...
传值调用，a=hello
传址调用,person.name=李四

在下面的实例中，展示的是传函数调用方式。函数调用过程中，如果传入的调用函数名不同，则执行不同的函数体。当传入 add 时，执行第一个函数，两数相加，返回相加结果；当传入 times 时，执行第二个函数，两数相乘，返回相乘结果。由此可以看出，函数作为参数有很灵活的应用方式。

```
示例代码：
function add(a,b){
        return a+b;
    }
    function times(a,b){
        return a*b;
    }
    function operation(a,b,fun){
        return fun(a,b);
    }
    var rs1 = operation(3,5,add);    //传入 add
    document.write(rs1);
    document.write('<br/>');
    var rs2 = operation(3,5,times); //传入 times
    document.write(rs2);
```

执行结果如下图所示。

file:///C:/Users/ADMINI~1/App
您的收藏夹是空的，请从其他浏览器导入。 立即导入收藏夹...
8
15

4.8.4 闭包函数

闭包函数是一个拥有许多变量和绑定了这些变量的环境的表达式（通常是一个函数），

因此这些变量也是该表达式的一部分。闭包函数的特点如下。

- 作为一个函数变量的一个引用，当函数返回时，其处于激活状态。
- 一个闭包就是当一个函数返回时，一个没有释放资源的栈区。

简单来说，JavaScript 允许使用内部函数，也就是函数定义和函数表达式位于另一个函数的函数体内，而且这些内部函数可以访问它们所在的外部函数中声明的所有局部变量、参数和其他内部函数。当其中一个这样的内部函数在包含它们的外部函数之外被调用时，就会形成闭包。

在下面的实例中，同一个函数两次运行返回两个闭包函数，每个闭包函数按照不同的初始值进入运算，互不干扰，fun1()从 3 开始向上累加，fun2()从 100 开始向上累加，两个函数相互之间不干扰。这种模式在开发游戏类算法时具有极大的遍历性。例如，举枪射击，第 1 颗子弹按照第 1 个角度飞行，第 2 颗按照第 2 个角度飞行，都调用同一个函数，每个函数返回的闭包都能保存初始的射击角度。这为程序开发提供了极大的便利。

```
示例代码：
function myfun(i){
        return function(){          //将一个匿名函数作为返回值，函数中保存了 i 的值
            return ++i;
        }
    }
    var fun1 = myfun(3);            //传入 3 为初始值，返回含有 3 的函数
    var fun2 = myfun(100);          //传入 100 为初始值，返回含有 100 的函数
    for(i=0;i<5;i++){
        document.write(fun1());     //闭包运算从 3 开始累加
        document.write('<br/>');
    }
    document.write("<hr/>");
    for(i=0;i<5;i++){
        document.write(fun2());     //闭包运算从 100 开始累加
        document.write('<br/>');
    }
```

执行结果如下图所示。

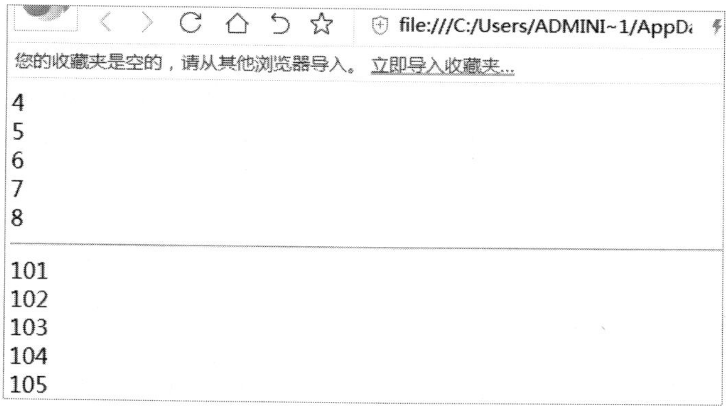

file:///C:/Users/ADMINI~1/AppD
您的收藏夹是空的，请从其他浏览器导入。 立即导入收藏夹...
4
5
6
7
8

101
102
103
104
105

4.8.5 内置函数

JS 内置函数包括字符串函数、数组函数、数学函数和日期函数 4 个部分，字符串函数和数组函数在前面已有介绍，本节介绍数学函数、日期函数和定时器函数。

4.8.5.1 数学函数（Math）

常用的数学函数如下表所示。

函　　数	描　　述
ceil(数值)	大于或等于该数的最小整数
floor(数值)	小于或等于该数的最大整数
min(数值 1,数值 2)	返回最小值
max(数值 1,数值 2)	返回最大值
pow(数值 1,数值 2)	返回数值 1 的数值 2 次方
random()	返回随机数
round(数值)	四舍五入
sqrt(数值)	开平方根

```
示例代码：
var a = 3.1;
    var b = 3.9;
    var ceil = Math.ceil(a);          //向上取整
    document.write('向上取整:'+ceil+"<br/>");
    var floor = Math.floor(b);        //向下取整
    document.write('向下取整:'+floor+"<br/>");
    var min = Math.min(a,b);          //获得 a 和 b 中较小的那个数
    document.write('较小的值是:'+min+"<br/>");
    var max = Math.max(a,b);          //获得 a 和 b 中较大的那个数
    document.write('较大的值是:'+max+"<br/>");
    var c = 3.5;
    var round = Math.round(c);        //返回 c 四舍五入的值
    document.write('四舍五入:'+round+"<br/>");
    document.write('3 的二次方是:'+Math.pow(3,2)+"<br/>");//返回二次方值
    document.write('4 的开平方是:'+Math.sqrt(4)+"<br/>"); //返回开平方
    for(i=0;i<5;i++){                 //循环 5 次，获取 5 个随机数
        document.write(Math.random()+"<br/>");          //随机值在 0～1
        //可均衡获取 1～10 的随机整数
        document.write((1+Math.floor(Math.random()*10))+"<br/>");
    }
```

执行结果如下图所示。

file:///C:/Users/ADMINI~1/AppD

您的收藏夹是空的，请从其他浏览器导入。 立即导入收藏夹...

向上取整:4
向下取整:3
较小的值是:3.1
较大的值是:3.9
四舍五入:4
3的二次方是:9
4的开平方是:2
0.7088642269966832
9
0.25056257199955123
8
0.5579789686214991
3
0.8511713907744767
2
0.2763956788353259
4

4.8.5.2 日期函数（Date）

常用的日期函数如下表所示。

方　法	描　述
getFullYear()	获取完整的年份（4 位，1970 年—?）
getMonth()	获取当前月份（0～11，0 代表 1 月）
getDate()	获取当前日（1～31）
getDay()	获取当前星期 X（0～6，0 代表星期天）
getTime()	获取当前时间（从 1970.1.1 开始的毫秒数）
getHours()	获取当前小时数（0～23）
getMinutes()	获取当前分数（0～59）
getSeconds()	获取当前秒数（0～59）
toLocaleDateString()	获取当前日期
toLocaleTimeString()	获取当前时间
toLocaleString()	获取日期与时间

```
示例代码:
//var mydate = new Date();       //获取当前时间的日期对象
    var mydate = new Date('2018-12-28 15:19:15');   //直接指定时间的日期对象
    document.write('年:'+mydate.getFullYear()+"<br/>");       //返回年份
    //月份为 0~11，所以必须加 1
    document.write('月:'+(mydate.getMonth()+1)+"<br/>");
    document.write('日:'+mydate.getDate()+"<br/>");               //日
    document.write('星期:'+mydate.getDay()+"<br/>");              //星期几
    //从 1970 年 1 月 1 日 0 点 0 分 0 秒到现在的毫秒数
    document.write('时间戳:'+mydate.getTime()+"<br/>");
    document.write('小时:'+mydate.getHours()+"<br/>");            //时
```

```
    document.write('分:'+mydate.getMinutes()+"<br/>");            //分
    document.write('秒:'+mydate.getSeconds()+"<br/>");            //秒
    document.write('日期:'+mydate.toLocaleDateString()+"<br/>");//日期
    document.write('时间:'+mydate.toLocaleTimeString()+"<br/>");//时间
    document.write('日期与时间:'+mydate.toLocaleString()+"<br/>");//日期与时间
```

执行效果如下图所示。

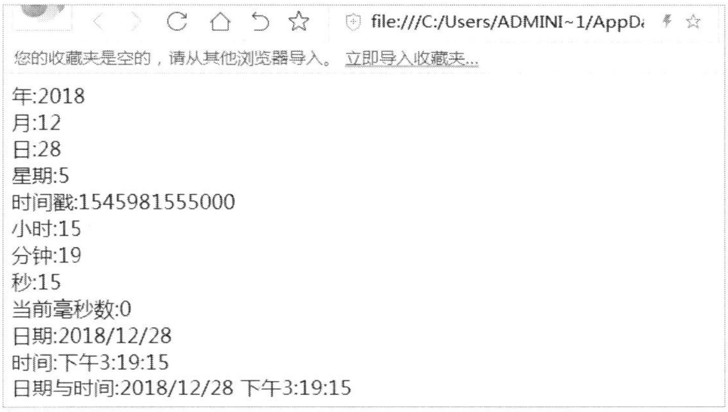

file:///C:/Users/ADMINI~1/AppD
您的收藏夹是空的，请从其他浏览器导入。立即导入收藏夹...
年:2018
月:12
日:28
星期:5
时间戳:1545981555000
小时:15
分钟:19
秒:15
当前毫秒数:0
日期:2018/12/28
时间:下午3:19:15
日期与时间:2018/12/28 下午3:19:15

4.8.5.3　定时器函数

JavaScript 定时器是 Web 页面动画效果的必需之物，使用定时器可以为 Web 页面制作出移动的景物、变幻的色彩和跳动的火焰，这些都需要定时器将页面元素分帧改变其属性而实现。JavaScript 定时器有以下两个方法。

- setInterval()：按照指定的周期（以毫秒计）调用函数或者计算表达式。该方法会不停地调用函数，直到 clearInterval()被调用或者窗口被关闭，语法为 setInterval(code, millisec)。其中，code 为必须调用的函数；millisec 是周期性执行或者调用 code 之间的时间间隔，以毫秒计。在下面的实例中，我们定义了一个实时显示当前时间的功能，通过 setInterval 实现每隔 1 秒重置当前时间的显示。

```
<!DOCTYPE html>
<html lang="en">
 <head>
  <meta charset="UTF-8">
  <title>Document</title>
  <script>
    var fYear,fMonth,fDate,fTime;
    window.onload=function(){
        fYear = document.getElementById('fYear');
        fMonth = document.getElementById('fMonth');
        fDate = document.getElementById('fDate');
        fTime = document.getElementById('fTime');
        timeMove();
    }
```

```
        function timeMove(){
            date = new Date();
            fYear.innerHTML = date.getFullYear();    //获取年份
            fMonth.innerHTML = date.getMonth()+1;    //获取月份，0~11，所以必须加1
            fDate.innerHTML = date.getDate();        //获取日期
            fTime.innerHTML = date.getHours()+":"+date.getMinutes()+":"+date.
getSeconds();
            setInterval(timeMove,1000);              //每秒调用一次
        }
      </script>
    </head>
    <body>
      <font id='fYear'></font>年<font id='fMonth'></font>月<font id='fDate'>
</font>日 <font id='fTime'></font>
    </body>
  </html>
```

- setTimeout()：在指定的毫秒数后调用函数或者计算表达式，语法为 setTimeout (code,millisec)。其中，code 为必须调用的函数；millisec 是周期性执行或者调用 code 之间的时间间隔，以毫秒计。在下面的实例中，我们先在页面上放了一个按钮，然后为该按钮加上单击触发 move 方法的事件，在 move 方法中会每隔 10 毫秒调用 setTimeout 执行一次 move 方法，这里其实就是自己调用自己的递归。

```
  <!DOCTYPE html>
  <html lang="en">
   <head>
    <meta charset="UTF-8">
    <title>Document</title>
    <style>
    #mdiv{
      width:90px;
      height:90px;
      background:#0000ff;
      position:absolute;
    }
    </style>
    <script>
      var mdiv;
      window.onload=function(){
          mdiv = document.getElementById('mdiv');
      }
      function move(){
          mdiv.style.left = parseInt(mdiv.style.left)+1+'px';
          mdiv.style.top = parseInt(mdiv.style.top)+1+'px';
          setTimeout(move,10);
      }
    </script>
```

```
  </head>
  <body>
   <input type='button' value='开始移动' onclick="move()"/>
   <div id='mdiv' style='left:120px;top:90px;'></div>
  </body>
</html>
```

setTimeout()与 setInterval()的主要区别在于：setTimeout()只运行一次，也就是说，当达到设定的时间后就触发运行指定的代码，运行完之后就结束了，如果还想再次执行同样的函数，可以在函数体内再次调用 setTimeout()回调自身函数，可以达到循环调用的效果。但 setInterval()是循环执行的，即每达到指定的时间间隔就执行相应的函数或者表达式，如果想停止则必须调用 window.clearInterval()，是真正的定时器。

4.9 本章小结

本章主要介绍了 JavaScript 的语言历史和相关知识，包括 JavaScript 的变量、数据类型，并全面介绍了各种运算符，还介绍了 JavaScript 的流程控制语句，最后重点介绍了对象和函数。以上内容都是 JavaScript 的语言基础，只有掌握这些知识，才能更好地学习 HTML。

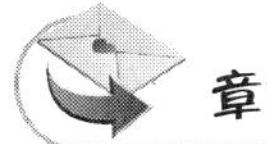

章节练习

1．声明 a，b，c，d 4 个变量，类型分别为整型、浮点型、布尔型、字符串型，分别判断并打印出 4 个变量的数据类型。

2．定义两个变量，var a = 15 和 var b = 9，将两个不同类型的变量按整数相乘，打印出结果。

3．var a = 11，var b = 7。打印出 a 除以 b 的整数部分和余数部分。

4．用 for 循环和 if 语句打印出 20 以内的单数，1,3,5,7,…

5．用 switch 语句识别一个变量的数据类型，如果是数字就乘以 2 输出，如果是字符串就直接打印，如果是 null 就打印为空，如果是 Boolean 类型就输出布尔。

6．写一段程序，打印出 100 以内的质数（除 1 外，只能被自己整除的数）。

7．声明一个数组，包含一些重复元素，再声明另一个空数组，用遍历和判断的方式向空数组中插入元素，使新数组中消除原数组的重复元素。

8．寻找两个数组中相同元素中最小的元素。例如：var arr1 = [1, 2, 5, 9, 10]，var arr2 = [3, 4, 6, 9, 10]。

9．判断一个字符串中出现次数最多的字符，并统计这个次数。例如，var str= 'addddfffssdfsadfsdfsafjsd'。

10．输入两个字符串，从第一个字符串中删除第二个字符串中的所有字符串，且不可以使用 replace。例如：①输入“They are students”和“aeiou”；②删除之后的第一个字符串变成 “Thy r stdnts”。

11．写一段正则表达式，能正确匹配 IP 地址格式。例如，var str = "255.221.221.12"。

12．写一段正则表达式，将输入的数字分割成每三个以一个逗号划分。例如：输入 16867245，输出 16,867,245。

13．设计一个模拟购物车的对象结构，对象的键为商品 id，对象的值为商品数量，向对象中插入商品 id，首先判断对象中是否含有此 id。如果没有，则将 id 加入对象，并在值上加数量 1；如果含有此 id，则直接在此 id 的值上使数量加 1。编写一段此类算法的程序。

14．写一个具有 a 和 b 两个参数的函数，函数体中计算 a 加 b 的数值求和，并返回。

15．写一个函数，可以传入一个数组，函数返回此数组的最大值。

16．写一个函数，可以传入一个对象，此函数为每个对象添加一个流水 id，id 值每次增加 1。

17．写一个求圆面积函数，传入一个半径，返回此圆的面积（π直接用 3.14 计算）。

18．写一个函数，获取当前时间，格式为××××年××月××日××时××分。

19．写一个函数，传入日期格式（如 2019-2-19），返回此日期是星期几。

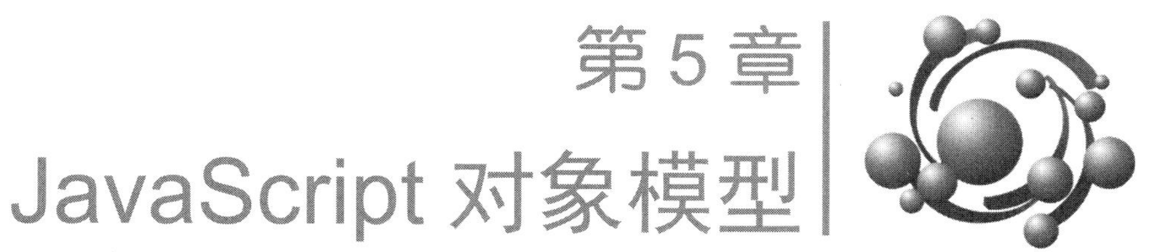

第5章 JavaScript对象模型

学习任务

【任务1】掌握JavaScript的BOM对象；

【任务2】掌握JavaScript的BOM操作；

【任务3】掌握JavaScript的DOM对象；

【任务4】掌握JavaScript的DOM操作。

学习路线

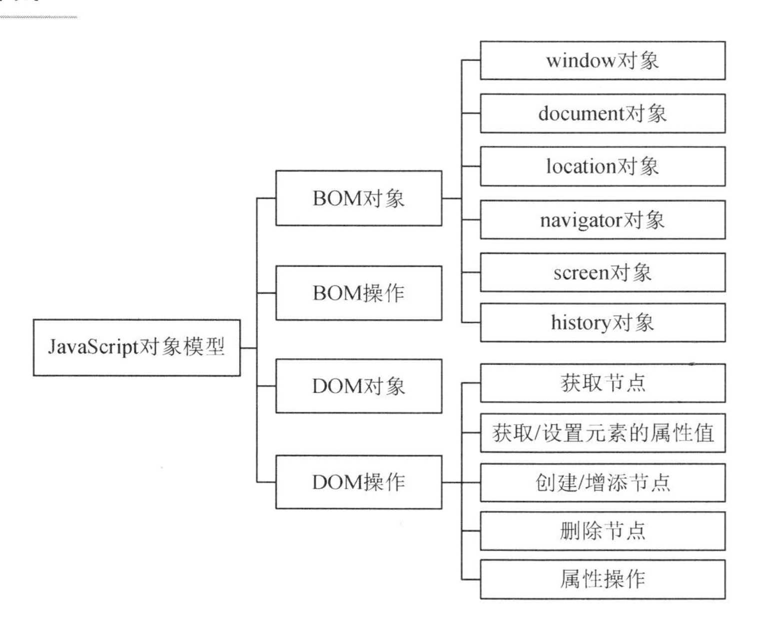

5.1 BOM 对象

BOM 对象也称为内置对象（Browser Object Mode），是浏览器对象模型，也是 JavaScript 的重要组成部分。它提供了一系列对象用于与浏览器窗口进行交互，这些对象通常统称为 BOM 对象。BOM 对象如下图所示。

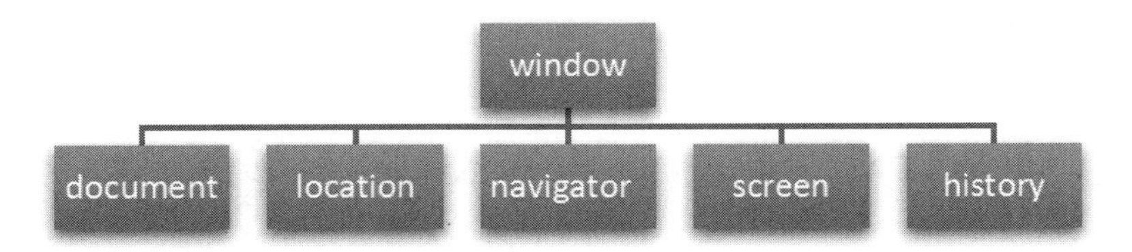

5.1.1 window 对象

window 对象表示浏览器窗口，所有浏览器都支持 window 对象，所有 JavaScript 全局对象、函数及变量均自动成为 window 对象的成员，其中全局变量是 window 对象的属性，全局函数是 window 对象的方法。

window 对象的常用方法如下。

- 获取窗体的宽和高：有 3 种方法能够确定浏览器窗口的尺寸（浏览器窗口的宽和高不包括工具栏的宽和高，以及滚动条的宽和高）。

其中，对 IE、Chrome、Firefox、Opera 及 Safari：

```
window.innerHeight：浏览器窗口的内部高度
window.innerWidth：浏览器窗口的内部宽度
```

对 IE 8、IE 7、IE 6、IE 5：

```
document.documentElement.clientHeight
document.documentElement.clientWidth
```

或者：

```
document.body.clientHeight
document.body.clientWidth
```

- 打开新窗口：

```
window.open(url);                //弹出一个新窗体
```

- 关闭当前窗口：

```
window.close();                  //关闭当前窗体
```

- 调整当前窗口的尺寸：

```
window.resizeTo(宽,高);      //重新设置窗体大小
```

需要注意的是，从 Firefox 7 开始，不能改变浏览器窗口的大小，需要依据下面的规则。

（1）不能设置那些不是通过 window.open 创建的窗口或者 Tab 的大小。

（2）当一个窗口中含有一个以上的 Tab 时，无法设置窗口的大小。

也就是说，可以用 resizeTo 或者 resizeBy 改变窗口大小的仅仅是那些用 window.open 打开的页面，并且 window.open 打开的窗口只能有一个 Tab（标签页），其他窗口的大小不可以调整。

5.1.2 document 对象

每个载入浏览器的 HTML 文档都会成为 document 对象，document 对象是 window 对象的一部分，可以通过 window.document 属性对其进行访问，此对象可以从脚本中对 HTML 页面中的所有元素进行访问。document 中包含很多属性和方法，常用的属性和方法如下表所示。

属性和方法	描　述
document.bgColor	设置页面背景色
document.fgColor	设置前景色（文本颜色）
document.linkColor	未点击过的链接颜色
document.alinkColor	激活链接（焦点在此链接上）的颜色
document.vlinkColor	已点击过的链接颜色
document.URL	设置 URL 属性，从而在同一窗口打开另一网页
document.cookie	设置和读出 cookie
document.write()	动态地向页面写入内容
document.createElement(Tag)	创建一个 HTML 标签对象
document.getElementById(ID)	获得指定 ID 值的对象
document.getElementsByName(Name)	获得指定 Name 值的对象
document.body	指定文档主体的开始和结束，等价于<body>/body>
document.location.href	完整 URL
document.location.reload()	刷新当前网页
document.location.reload(URL)	打开新的网页

5.1.3 location 对象

location 对象包含有关当前 URL 的信息，location 对象是 window 对象的一个部分，可以通过 window.location 属性访问，location 常用的属性和方法如下表所示。

属性和方法	描　述
location.href	显示当前网页的 URL 链接
location.port	显示当前网页链接的端口
location.reload()	重新刷新当前页面

5.1.4 navigator 对象

navigator 对象包含有关浏览器的信息，所有浏览器都支持该对象。navigator 对象常用的属性如下表所示。

属　性	描　述
appName	返回浏览器的名称
appVersion	返回浏览器的平台和版本信息
cookieEnabled	返回指明浏览器中是否启用 cookie 的布尔值
platform	返回运行浏览器的操作系统平台

5.1.5 screen 对象

每个 window 对象的 screen 属性都引用一个 screen 对象。screen 对象中存放有关显示浏览器屏幕的信息。JavaScript 程序将利用这些信息优化它们的输出，以达到用户的显示要求。例如，一个程序可以根据显示器的尺寸选择使用大图像还是小图像，它还可以根据显示器的颜色深度选择使用 16 位色还是 8 位色的图形。另外，JavaScript 程序还能根据有关屏幕尺寸的信息将新的浏览器窗口定位在屏幕中间。screen 对象的属性如下表所示。

属　性	描　述
availHeight	返回显示屏幕的高度（除 Windows 任务栏之外）
availWidth	返回显示屏幕的宽度（除 Windows 任务栏之外）
bufferDepth	设置或者返回调色板的比特深度
colorDepth	返回目标设备或者缓冲器上的调色板的比特深度
deviceXDPI	返回显示屏幕的每英寸水平点数
deviceYDPI	返回显示屏幕的每英寸垂直点数
fontSmoothingEnabled	返回用户是否在显示控制面板中启用了字体平滑
Height	返回显示器屏幕的高度
logicalXDPI	返回显示屏幕每英寸的水平方向的常规点数
logicalYDPI	返回显示屏幕每英寸的垂直方向的常规点数
pixelDepth	返回显示屏幕的颜色分辨率（比特每像素）
updateInterval	设置或者返回屏幕的刷新率
Width	返回显示器屏幕的宽度

5.1.6 history 对象

history 对象包含用户（在浏览器窗口中）访问过的 URL。history 对象是 window 对象的一部分，可以通过 window.history 属性对其进行访问，所有浏览器都支持该对象。history 对象的属性和方法如下表所示。

属性和方法	描　述
history.length	返回浏览器历史列表中的 URL 数量
history.back()	加载 history 列表中的前一个 URL

续表

属性和方法	描　　述
history.forward()	加载 history 列表中的下一个 URL
history.go()	加载 history 列表中的某个具体页面

5.2 BOM 操作

5.1 节对 BOM 对象进行了介绍，同时阐述了相关对象的属性及方法，本节将运用实例对上述对象的常用操作进行介绍。

- window 对象获得宽和高。

在下面的实例中，w 和 h 分别为获取窗口的宽和高，然后通过弹框的形式，显示窗口的宽和高。根据不同的浏览器可以选择不同的获取宽和高的方法。

```
示例代码：
//跨浏览器兼容获取屏幕宽和高
var w=window.innerWidth || document.documentElement.clientWidth || document.body.clientWidth;
var h=window.innerHeight || document.documentElement.clientHeight || document.body.clientHeight;
    alert(w+':'+h);
```

执行结果如下图所示。

- document 对象设置背景色和前景色。

在下面的实例中，通过 document 对象的 bgColor 设置网页背景色为绿色；通过 document 对象的 fgColor 设置网页前景色为蓝色，也就是页面中文本的颜色为蓝色。

```
示例代码：
<script>
    window.onload=function(){              //网页加载完成后调用
        document.bgColor = "#0fff00";      //设置网页背景色
        document.fgColor = "#0000ff";      //设置网页前景色（页面上的文字颜色）
    }
</script>
 <body>
 hello,world
 </body>
```

执行结果如下图所示。

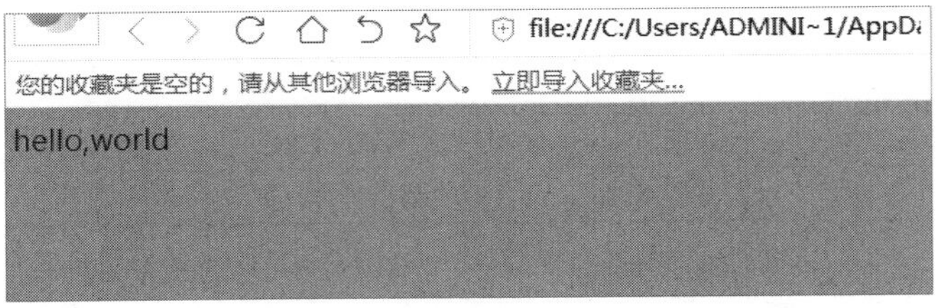

- location 对象获取当前页面的 URL 链接和端口。

在下面的实例中，通过 location 对象的 href 和 port 属性获得当前页面的 URL 链接与当前页面访问的端口，页面加载完之后通过弹框的形式显示出来。

```
代码示例：
window.onload=function(){          //网页加载完毕后调用
        alert(location.href);      //弹出当前页面的 URL 链接
        alert(location.port);      //弹出当前页面访问的端口
    }
```

执行结果如下图所示。

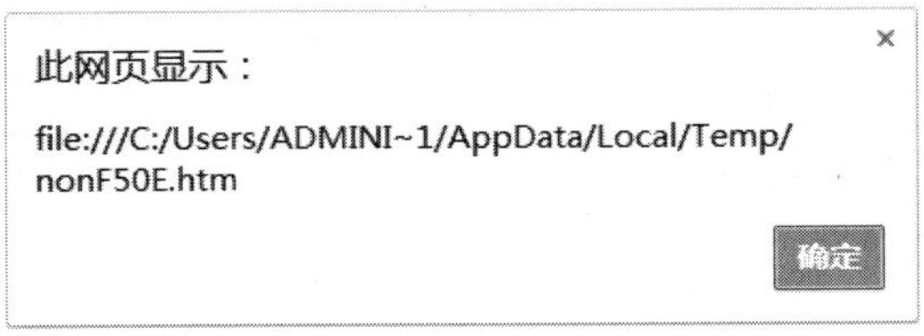

由于是本地临时网页，因此链接显示为本地地址，端口为空，但只要在网络上就可以准确显示。

- navigator 对象获取浏览器名称、平台版本信息、是否启用 cookie 状态、操作系统平台等。

在下面的实例中，分别通过 document.write()方法将浏览器的名称、平台版本信息、浏览器是否启用 cookie 的状态及浏览器的操作系统平台展示在窗口页面。

```
示例代码：
//网页加载完毕后调用
window.onload=function(){
        //返回浏览器的名称
        document.write(navigator.appName+"<br/>");
        //返回浏览器的平台和版本信息
        document.write(navigator.appVersion+"<br/>");
        //返回指明浏览器中是否启用 cookie 的布尔值
        document.write(navigator.cookieEnabled+"<br/>");
        //返回运行浏览器的操作系统平台
        document.write(navigator.platform+"<br/>");
    }
```

执行结果如下图所示。

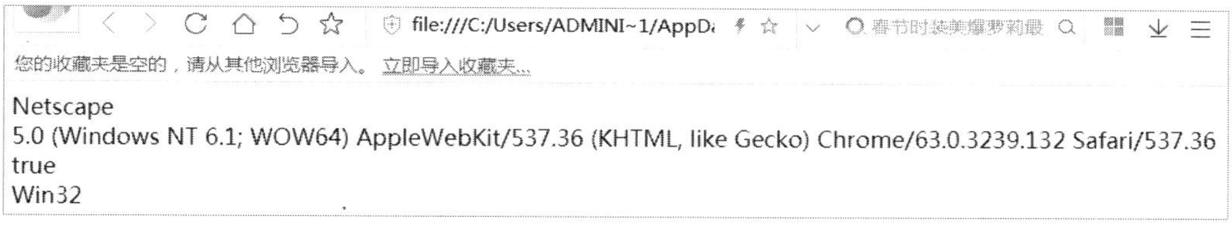
file:///C:/Users/ADMINI~1/AppD
您的收藏夹是空的，请从其他浏览器导入。 立即导入收藏夹...
Netscape
5.0 (Windows NT 6.1; WOW64) AppleWebKit/537.36 (KHTML, like Gecko) Chrome/63.0.3239.132 Safari/537.36
true
Win32

- screen 对象获取浏览器显示屏幕的宽和高，以及显示器屏幕的宽和高。

在下面的实例中，页面加载完毕，通过 document.write()将浏览器显示屏幕的宽和高以及显示器屏幕的宽和高显示在页面中，可以看到浏览器屏幕高度和显示器高度相差一个 Windows 任务栏的高度。

```
示例代码:
window.onload=function(){                               //网页加载完毕后调用
        document.write(screen.availHeight+"<br/>");  //返回浏览器显示屏幕的高度
        document.write(screen.availWidth+"<br/>");   //返回浏览器显示屏幕的宽度
        document.write(screen.height+"<br/>");       //返回显示器屏幕的高度
        document.write(screen.width+"<br/>");        //返回显示器屏幕的宽度
    }
```

执行结果如下图所示。

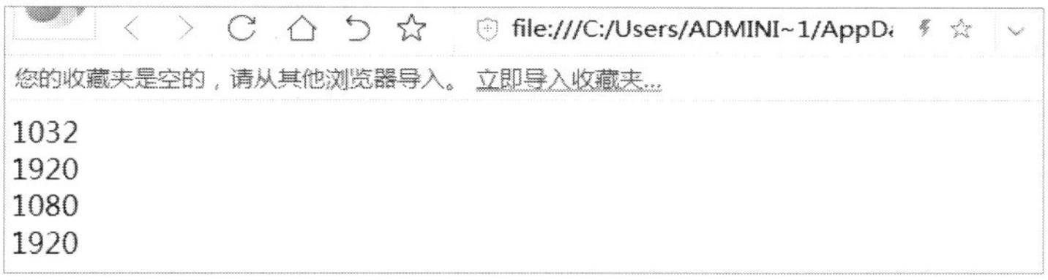
file:///C:/Users/ADMINI~1/AppD
您的收藏夹是空的，请从其他浏览器导入。 立即导入收藏夹...
1032
1920
1080
1920

- history 对象获取网页链接的长度。

在下面的实例中，通过弹框的形式将网页访问过的网页链接的长度显示出来。

```
示例代码:
len = history.length;    //获取网页访问过的网页链接的长度
alert(len);
//history.back();        //回到上一次访问的页面
//history.forward();     //如果回去过了，就前进到下一个访问过的页面
//history.go(-2);        //回到上上次访问的页面
```

5.3 DOM 对象

当网页被加载时，浏览器会创建页面的文档对象模型（Document Object Model）。文档对象模型属于 BOM 的一部分，用于对 BOM 中的核心对象 document 进行操作。

HTML DOM 模型被构造为对象的树。对 HTML，DOM 使 HTML 形成一棵 DOM 树，类似于一棵家族树，一层接一层，子子孙孙。为了能够使 JavaScript 操作 HTML，JavaScript 就有了一套自己的 DOM 编程接口。所以说，有了 DOM，就相当于 JavaScript 拿到了钥匙

一样，可以操作 HTML 的每一个节点。

HTML DOM 树图如下图所示。

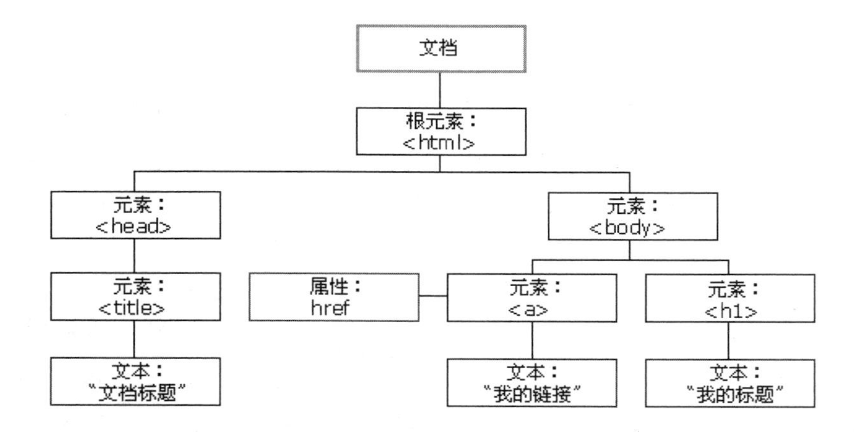

通过可编程的对象模型 DOM，JavaScript 获得了足够的能力创建动态的 HTML。具体来说，JavaScript 能够改变页面中的所有 HTML 元素、HTML 属性、CSS 样式，并且能够对页面中的所有事件做出反应。

5.4 DOM 操作

5.3 节介绍了 HTML 形成的 DOM 树，本节将通过 JS 的 DOM 编程接口操作 DOM 树。DOM 操作主要包括获取节点、获取/设置元素的属性值、创建/增添节点、删除节点、属性操作等。

5.4.1 获取节点

DOM 树是由许多 HTML 标签元素构成的，这些标签元素就是树上的节点，要对节点操作首先需要获得节点，获取节点的方法主要有以下几种。

- 标签 id 获取：

```
//通过 id 号获取元素，返回一个元素对象
document.getElementById(idName)
```

- 标签 name 属性获取：

```
//通过 name 属性获取元素组，返回元素对象数组
document.getElementsByName(name)
```

- 类别名称获取：

```
//通过 class 获取元素组，返回元素对象数组（IE8 以上才有）
document.getElementsByClassName(className)
```

- 标签名称获取：

```
//通过标签名获取元素组，返回元素对象数组
document.getElementsByTagName(tagName)
```

后 3 种方法返回元素数组，需要注意以下几点。

（1）由于获取结果可能是多个，因此 Element 后面要加 s。

（2）根据标签获取的结果是伪数组形式，伪数组是不具备数组的方法。

（3）要操作伪数组中的所有元素需要遍历伪数组。

（4）根据标签名获取元素时，有可能获取到的标签只有一个，但是形式还是伪数组。

在下面的实例中，页面加载结束，通过 id 获取 div 标签，并在里面添加“我是用 id 名访问到的”；通过 name 属性获得多个 div，并在里面添加“这是用 name 名访问到的”；通过 class 类别名获得多个 div，并在里面添加“这是用 class 名访问到的”；通过标签名获得 span 标签，并在里面添加“这是用标签名访问到的”。

```
示例代码：
<!DOCTYPE html>
<html lang="en">
 <head>
  <meta charset="UTF-8">
  <title>Document</title>
  <script>
  window.onload=function(){
    mydiv = document.getElementById('mydiv');
    mydiv.innerText = "我是用 id 名访问到的";
    namedivs = document.getElementsByName('namediv');
    len = namedivs.length;
    for(i=0;i<len;i++){
        namedivs[i].innerText='这是用 name 名访问到的'+i;
    }
    dclass = document.getElementsByClassName('dclass1');
    len = dclass.length;
    for(i=0;i<len;i++){
        dclass[i].innerText='这是用 class 名访问到的'+i;
    }
    tagDs = document.getElementsByTagName('span');
    len = tagDs.length;
    for(i=0;i<len;i++){
        tagDs[i].innerText='这是用标签名访问到的'+i;
    }
  }
  </script>
 </head>
 <body>
```

```
    <div id="mydiv"></div>          <!--用 id 获取-->
    <hr/>
    <div name="namediv"></div>     <!--用 name 获取-->
    <div name="namediv"></div>
    <div name="namediv"></div>
    <hr/>
    <div class="dclass1"></div>    <!--用 class 获取-->
    <div class="dclass1"></div>
    <div class="dclass1"></div>
    <hr/>
    <span></span><br/>             <!--直接用标签名获取-->
    <span></span><br/>
    <span></span><br/>
  </body>
</html>
```

执行结果如下图所示。

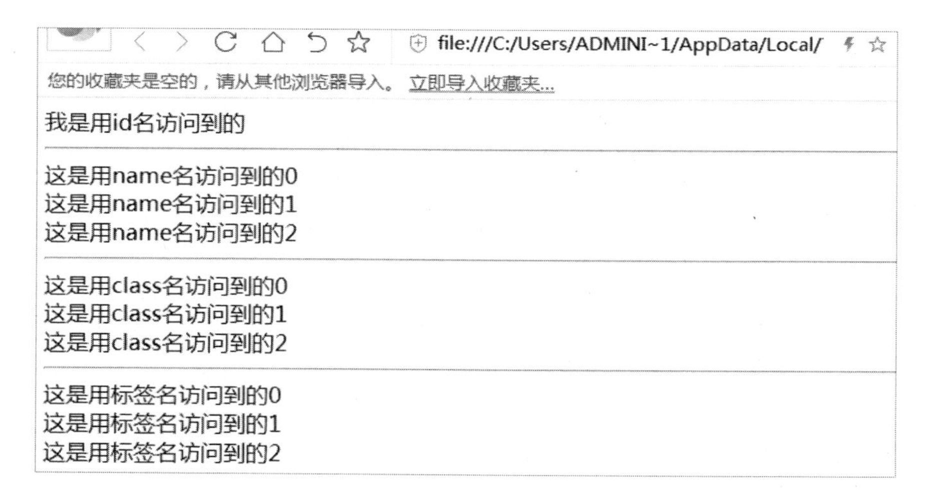

5.4.2 获取/设置元素的属性值

对获取的节点，我们可以得到节点的属性值，也可以设置节点的属性值，还可以通过getAttribute()和 setAttribute()实现。其具体的语法格式如下：

```
element.getAttribute(attributeName)      //括号传入属性名，返回对应属性的属性值
element.setAttribute(attributeName,attributeValue)    //传入属性名及设置的值
```

在下面的实例中，实现了每隔一行设置表单的背景颜色，通过 id 获取 table 标签，然后获得 table 中所有的 tr 标签，通过 setAttribute()选中的 tr 标签的背景色变成灰色。

```
示例代码：
<!DOCTYPE html>
<html lang="en">
 <head>
  <meta charset="UTF-8">
```

```
  <title>Document</title>
  <script>
  window.onload=function(){
    mytable = document.getElementById('mytable');
    //获取 mytable 中标签名为 tr 的子节点
    trs = mytable.getElementsByTagName("tr");
    len = trs.length;
    flag=true;                                          //开关变量
    for(i=0;i<len;i++){
        if(flag){
            trs[i].setAttribute('bgcolor','#cccccc');    //每隔一行设置背景色
            flag=false;
        }else{
            flag=true;
        }
    }
    //获取 table 的 width 属性值
    ww = mytable.getAttribute('width');
  }
  </script>
 </head>
 <body>
  <table id='mytable' align='center' width="80%" border='1'>
  <tr bgcolor='#cccccc'>
    <td>aaa</td><td>aaa</td><td>aaa</td>
  </tr>
  <tr>
    <td>bbb</td><td>bbb</td><td>bbb</td>
  </tr>
  <tr>
    <td>ccc</td><td>ccc</td><td>ccc</td>
  </tr>
  </table>
 </body>
</html>
```

执行结果如下图所示。

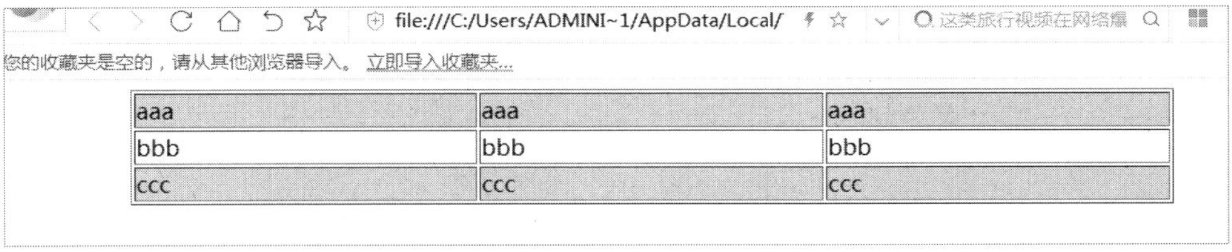

file:///C:/Users/ADMINI~1/AppData/Local/

您的收藏夹是空的，请从其他浏览器导入。 立即导入收藏夹...

aaa	aaa	aaa
bbb	bbb	bbb
ccc	ccc	ccc

5.4.3 创建/增添节点

在 DOM 操作中，常常需要在 HTML 页面中动态地追加一些 HTML 元素，这就需要创

建节点，然后追加节点。下面分别介绍创建节点及增添节点的方法。

- 创建节点：

```
document.createElement("h3")          //创建一个 HTML 元素，这里以创建 h3 元素为例
document.createTextNode(String);      //创建一个文本节点
document.createAttribute("class");    //创建一个属性节点，这里以创建 class 属性为例
```

- 增添节点：

```
//向 element 内部最后面添加一个节点，参数是节点类型
element.appendChild(Node);
//在 element 内部的 existingNode 前面插入 newNode
element.insertBefore(newNode,existingNode);
```

在下面的实例中，通过 id 获得空的 table 标签，在 table 表中创建 tr 行及 td 单元格，然后通过 appendChild()将创建的节点加到表格中。

```
示例代码：
<!DOCTYPE html>
<html lang="en">
 <head>
  <meta charset="UTF-8">
  <title>Document</title>
  <style>
    .bgrren{
        background:#00ff00;
    }
  </style>
  <script>
  window.onload=function(){
    mytable = document.getElementById('mytable');   //找到页面上的 table 节点
    flag=true;                                      //开关变量
    for(i=0;i<3;i++){
        tr = document.createElement("tr");
        for(j=0;j<3;j++){
            td = document.createElement("td");
            text = document.createTextNode("文本"+j); //创建一个文本节点
            if(flag){
                class1 = document.createAttribute("class");//创建一个属性节点
                class1.value='bgrren';                //为属性设置值
                td.setAttributeNode(class1);          //将属性节点设置给 td
                flag=false;
            }else{
                flag=true;
            }
            td.appendChild(text);                     //将文本节点添加给 td
            tr.appendChild(td);                       //将 td 添加给 tr
        }
```

```
        mytable.appendChild(tr);                        //将 tr 添加给 table
    }
  }
  </script>
 </head>
 <body>
  <!-- 页面上添加一个空节点 -->
  <table id='mytable' align='center' width="80%" border='1'>
  </table>
 </body>
</html>
```

执行结果如下图所示。

文本0	文本1	文本2
文本0	文本1	文本2
文本0	文本1	文本2

5.4.4　删除节点

对节点的操作，可以进行增加，那么也可以将节点进行动态删除，下面介绍删除节点的方法。

```
//删除当前节点下指定的子节点，删除成功返回该被删除的节点，否则返回 null
element.removeChild(Node)
```

在下面的实例中，通过单击表格中右侧的“删除”可以将该行的单元格进行删除，其中用到了返回当前元素父节点对象的属性 parentNode，首先需要获取超链接的父对象 td 标签，其次获得 td 标签的父对象 tr 标签，再次获得表单 table 标签，最后利用节点删除方法将超链接所在的行删除。

```
示例代码：
<!DOCTYPE html>
<html lang="en">
 <head>
  <meta charset="UTF-8">
  <title>Document</title>
  <script>
    function del(thisa){                           //thisa 表示链接对象
        //链接对象的父节点是 td，td 的父节点是 tr
        tr = thisa.parentNode.parentNode;
        table = tr.parentNode;                     //tr 的父节点是 table
        table.removeChild(tr);                     //table 删除子元素，删除一行
    }
  </script>
```

```
    </head>
    <body>
     <table id='mytable' align='center' width="80%" border='1'>
       <tr><td>aaaaaa</td><td>aaaaaa</td><td>aaaaaa</td><td>aaaaaa</td><td><a href="#" onclick="del(this)">删除</a></td></tr>
       <tr><td>bbbbb</td><td>bbbbb</td><td>bbbbb</td><td>bbbbb</td><td><a href="#" onclick="del(this)">删除</a></td></tr>
       <tr><td>ccccccc</td><td>ccccccc</td><td>ccccccc</td><td>ccccccc</td><td><a href="#" onclick="del(this)">删除</a></td></tr>
       <tr><td>dddddd</td><td>dddddd</td><td>dddddd</td><td>dddddd</td><td><a href="#" onclick="del(this)">删除</a></td></tr>
       <tr><td>eeeeee</td><td>eeeeee</td><td>eeeeee</td><td>eeeeee</td><td><a href="#" onclick="del(this)">删除</a></td></tr>
     </table>
    </body>
   </html>
```

执行结果如下图所示。

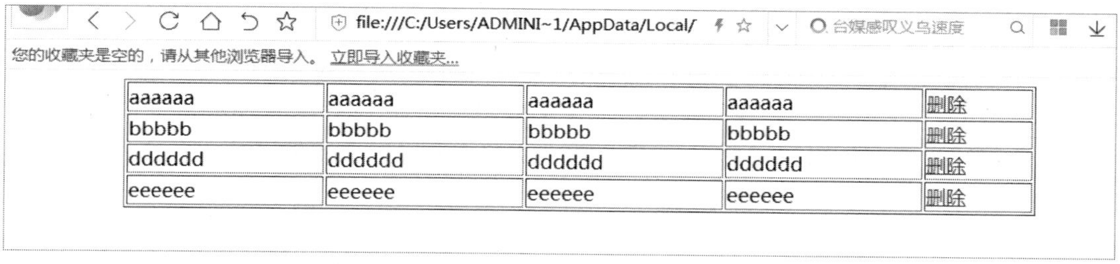

file:///C:/Users/ADMINI~1/AppData/Local/

您的收藏夹是空的，请从其他浏览器导入。 立即导入收藏夹...

aaaaaa	aaaaaa	aaaaaa	aaaaaa	删除
bbbbb	bbbbb	bbbbb	bbbbb	删除
dddddd	dddddd	dddddd	dddddd	删除
eeeeee	eeeeee	eeeeee	eeeeee	删除

5.4.5 属性操作

DOM 操作中的标签属性操作有很多方法，下面介绍一些常用的方法。

- 获取当前元素的父节点：

```
//返回当前元素的父节点对象
element.parentNode
```

- 获取当前元素的子节点：

```
//返回当前元素所有子元素节点对象，只返回 HTML 节点
element.children
//返回当前元素所有子节点，包括文本、HTML、属性节点（Enter 也会当作一个节点）
element.childNodes
//返回当前元素的第一个子节点对象
element.firstChild
//返回当前元素的最后一个子节点对象
element.lastChild
```

- 获取当前元素的同级元素：

```
//返回当前元素的下一个同级元素，若没有则返回 null
```

```
element.nextElementSibling
//返回当前元素上一个同级元素，若没有则返回 null
element.previousElementSibling
```

- 获取当前元素的文本：

```
//返回元素的所有文本，包括 HTML 代码
element.innerHTML
//返回当前元素的自身及子代所有文本值，只是文本内容，不包括 HTML 代码
element.innerText
```

- 获取当前节点的节点类型：

```
//返回节点的类型
node.nodeType
```

- 设置样式：

```
//设置元素的样式时使用 style，这里以设置文字颜色为例
element.style.color="#eea";
```

在下面的实例中，实现了对下拉列表的操作，当单击“导航一”时，如果下拉列表存在则隐藏起来，如果下拉列表不存在则将下拉列表显示出来。

```
下拉导航示例代码：
<!DOCTYPE html>
<html lang="en">
 <head>
  <meta charset="UTF-8">
  <title>Document</title>
  <style>
    .menu{
        cursor:pointer;
    }
  </style>
  <script>
    function dian(thisa){
        nextNode = thisa.nextElementSibling;     //获取当前节点的下一节点
        if(nextNode.style.display=='none'){      //如果下一节点为隐藏状态
           nextNode.style.display='block';       //显示节点
        }else{
           nextNode.style.display='none';        //否则隐藏
        }
    }
  </script>
 </head>
 <body>
  <ul>
    <li class='menu' onclick='dian(this)'>导航一</li>
    <li style='display:none;'>
       <a href='JavaScript:void();'>菜单 1</a><br/>
```

```
            <a href='JavaScript:void();'>菜单 2</a><br/>
            <a href='JavaScript:void();'>菜单 3</a><br/>
            <a href='JavaScript:void();'>菜单 4</a><br/>
            <a href='JavaScript:void();'>菜单 5</a><br/>
        </li>
        <li class='menu' onclick='dian(this)'>导航二</li>
        <li  style='display:none;'>
            <a href='JavaScript:void();'>菜单 6</a><br/>
            <a href='JavaScript:void();'>菜单 7</a><br/>
            <a href='JavaScript:void();'>菜单 8</a><br/>
            <a href='JavaScript:void();'>菜单 9</a><br/>
            <a href='JavaScript:void();'>菜单 10</a><br/>
        </li>
        <li class='menu' onclick='dian(this)'>导航三</li>
        <li  style='display:none;'>
            <a href='JavaScript:void();'>菜单 11</a><br/>
            <a href='JavaScript:void();'>菜单 12</a><br/>
            <a href='JavaScript:void();'>菜单 13</a><br/>
            <a href='JavaScript:void();'>菜单 14</a><br/>
            <a href='JavaScript:void();'>菜单 15</a>
        </li>
    </ul>
  </body>
</html>
```

执行结果如下图所示。

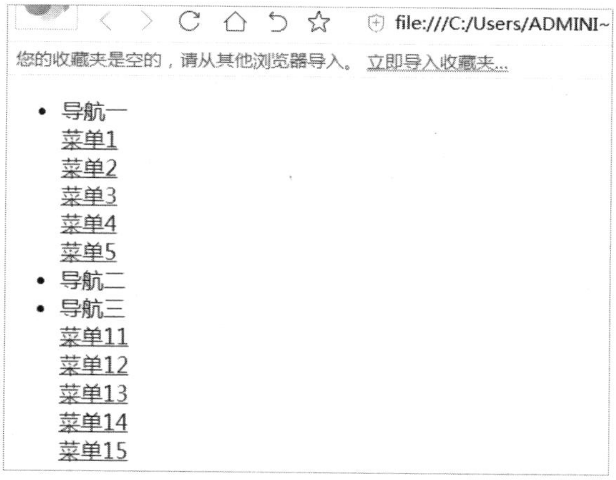

5.5 本章小结

本章介绍了 JavaScript 的内置对象，包括 window 对象、document 对象、location 对象、navigator 对象、screen 对象、history 对象，这些都是 Web 前端必须了解的为浏览器提供服务的内置对象，能帮助开发者获取客户端浏览器的信息，为开发提供数据支撑。另外，本章还介绍了 JavaScript 的 DOM 操作，包括获取节点、获取/设置元素的属性值、创建/增添节点、删除节点、属性操作等。学习本章可以掌握在 Web 页面上动态地增减节点并为节点动态设置相关属性，使开发者可以更加灵活地操作页面元素。

章节练习

1．写一个 div，根据浏览器的宽度和高度，将 div 设置在屏幕的中心位置。

2．打印本浏览器访问的 URL 地址。

3．打印浏览器的刷新频率。

4．在页面上写一个 table 标签，写一个按钮，响应单击事件，调用一个函数，每单击一次，为 table 增加一行数据，单元格中内容任意。

5．上述 table 中生成的每行尾部单元格内加一个删除链接，当点击此链接时删除当前行（提示：使用 parentNode，行节点是单元格节点的父，单元格节点是链接节点的父）。

第6章 JavaScript 事件处理

学习任务

【任务 1】掌握 JavaScript 事件处理，包括窗口事件、鼠标事件、键盘事件等。

【任务 2】掌握 JavaScript 事件冒泡与捕获。

学习路线

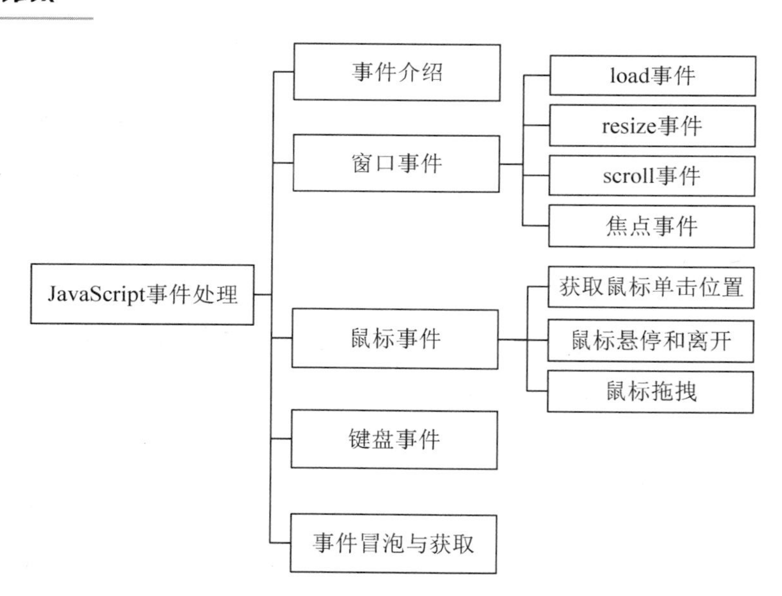

6.1 事件介绍

JS 事件指在浏览器窗体或者 HTML 元素上发生的，可以触发 JS 代码块运行的行为。例如，当浏览器中所有 HTML 加载完成时，可以触发页面加载完成事件；input 字段发生改变，可以触发字段改变事件；HTML 按钮被单击时，可以触发按钮单击事件；等等。

常用的事件类型包括窗口事件、鼠标事件、键盘事件、文本事件等。常用的事件方法如下表所示。

方　法	描　述
onabort	图像加载被中断
onblur	元素失去焦点
onchange	用户改变域的内容
onclick	鼠标单击某个对象
ondblclick	鼠标双击某个对象
onerror	当加载文档或者图像时发生某个错误
onfocus	元素获得焦点
onkeydown	某个键盘的键被按下
onkeypress	某个键盘的键被按下或者按住
onkeyup	某个键盘的键被松开
onload	某个页面或者图像被完成加载
onmousedown	某个鼠标按键被按下
onmousemove	鼠标被移动
onmouseout	鼠标从某元素移开
onmouseover	鼠标被移到某元素之上
onmouseup	某个鼠标按键被松开
onreset	重置按钮被单击
onresize	窗口或者框架被调整尺寸
onselect	文本被选定
onsubmit	提交按钮被单击
onunload	用户退出页面

6.2　窗口事件

窗口事件是指当用户与页面其他的元素交互时触发的事件，如页面加载完成可以触发事件，以及改变窗口大小可以触发事件等。窗口事件主要包括 load、unload、abort、error、select、resize、scroll 事件。

6.2.1　load 事件

load 事件表示当页面完全加载完之后（包括所有的图像、JS 文件、CSS 文件等外部资源），就会触发 window 上面的 load 事件。这个事件是 JavaScript 中最常用的事件，如 window.onload=function(){}，即当页面完全加载完之后执行其中的函数。

在下面的实例中，当页面加载结束之后会出现弹框效果。通过 id 获取 div 标签，通过 innerText 获取 div 中的内容，页面加载完成，会将 div 中的内容以弹框的形式显示出来。

```
示例代码：
<!DOCTYPE html>
<html lang="en">
 <head>
  <meta charset="UTF-8">
  <title>Document</title>
  <script>
    window.onload=function(){
        var mydiv = document.getElementById("mydiv");
        alert("页面加载完成,mydiv 的内容是:"+mydiv.innerText);
    }
  </script>
 </head>
 <body>
  <div id='mydiv'>我有一个好主意</div>
 </body>
</html>
```

执行结果如下图所示。

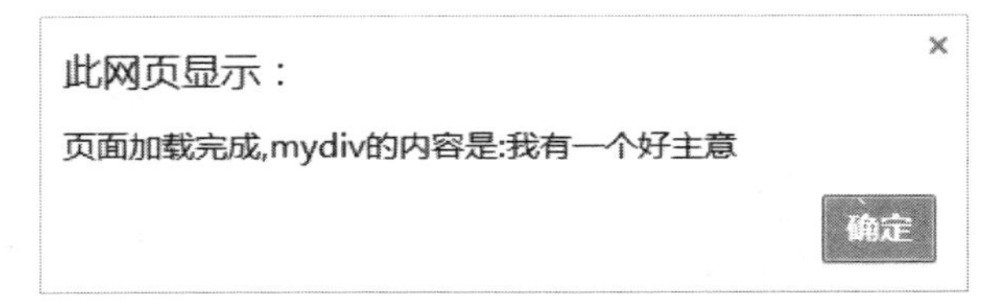

另外，相对于 onload 事件是页面加载完成触发的，还有的事件是在某些元素加载完成后触发的，如图像元素。在下面的实例中，当页面的图片加载完成后，会触发 imgLoad 事件，函数将图片的边框设置为绿色，其中 src 属性是所要加载图片的地址。

```
示例代码：
<!DOCTYPE html>
<html lang="en">
 <head>
  <meta charset="UTF-8">
  <title>Document</title>
  <script>
    function imgLoad(){
        myimg = document.getElementById('myimg');
        //图片加载完成后，给图片加边框
        myimg.style.border='9px solid #00ff00';
        alert('图片加载完成，给它加边框');
    }
  </script>
 </head>
 <body>
  <img  id='myimg'  src="file:///D:/%E5%9B%BE%E7%89%87/donghua/timg.gif"
onload="imgLoad()">
```

```
</body>
</html>
```

执行结果如下图所示。

6.2.2　resize 事件

当调整浏览器的窗口到一个新的宽度或者高度时，就会触发 resize 事件，这个事件在 window 上面触发。因此，同样可以通过 JS 或者 body 元素中的 onresize 特性指定处理程序。

在下面的实例中，document.body.clientWidth 和 document.body.clientHeight 获得窗口的宽和高，当调整窗口的大小时，可以将调整后的窗口的大小以弹框的形式显示出来。

```
示例代码:
<!DOCTYPE html>
<html lang="en">
 <head>
  <meta charset="UTF-8">
  <title>Document</title>
  <style>
  html,body{     /*注意:必须加上此 CSS 样式，JS 才能获取到 clientHeight*/
    width:100%;
    height:100%;
  }
  </style>
  <script>
    function winChange(){
        winWidth = document.body.clientWidth;
        winHeight = document.body.clientHeight;
        alert('窗体大小发生改变,宽:'+winWidth+",高:"+winHeight);
    }
  </script>
 </head>
 <body onresize="winChange()">
```

```
 </body>
</html>
```

执行结果如下图所示。

此网页显示：

窗体大小发生改变,宽:1051,高:516

确定

6.2.3 scroll 事件

文档或者浏览器窗口被滚动期间会触发 scroll 事件，所以应当尽量保持事件处理程序的代码简单化。在下面的实例中，通过 id 获取 font 标签，scrollTop 返回匹配元素滚动条的垂直位置，这是返回 font 标签距离浏览器空白窗口顶部的距离。通过滚动滑轮改变 font 标签与顶部的距离。

```
示例代码:
<!DOCTYPE html>
<html lang="en">
 <head>
  <meta charset="UTF-8">
  <title>Document</title>
  <style>
  html,body{
    width:100%;
    height:100%;
  }
  </style>
  <script>
    function scrollChange(){
        srpos = document.getElementById('srpos');
        srpos.innerText = '滚动条滚动到:'+document.documentElement. scrollTop;
        //使 srpos 不随滚动条滑动，始终固定在同一位置
        srpos.style.top = document.documentElement.scrollTop+"px";
    }
  </script>
 </head>
 <body onscroll="scrollChange()">
 <div style='height:300%;'>         <!--让 div 高度为 300%,产生滚动条-->
 <br/>
    <font id='srpos' style='position: relative;top:0px'>滚动条滚动到 0px</font>
 </div>
 </body>
</html>
```

当滚动条被拉动时的执行效果如下图所示。

滚动条滚动到:250

6.2.4 焦点事件

焦点事件主要是指页面元素对焦点的获得与失去，如文本框，当鼠标单击时可以在文本框中输入文字，这就说明文本框获得了焦点。焦点事件主要是获得焦点触发事件及失去焦点触发事件。关于焦点事件的介绍如下表所示。

方　法	描　述
blur	在元素失去焦点时触发，所有浏览器都支持
focus	在元素获得焦点时触发，所有浏览器都支持

在下面的实例中，当焦点进入文本框时在文本框后面就会提示“获得焦点,开始输入”，当鼠标离开文本框时在文本框后面就会提示“失去焦点,开始判断”。

```
示例代码:
<script>
    var note;
    function myfocus(fname,notename){
        note = document.getElementById(notename);
        note.innerText=fname+'获得焦点,开始输入';
    }

    function myblur(fname,notname){
        note = document.getElementById(notname);
        note.innerText=fname+'失去焦点,开始判断';
    }
  </script>
 <body>
 <form name='myform'>
    <input  type='text'  name='uname'  onfocus="myfocus('uname','unote')"
```

```
onblur="myblur('uname','unote')"/><font id='unote'></font>
        <br/>
        <input   type='text'   name='pwd'   onfocus="myfocus('pwd','pnote')"
onblur= "myblur('pwd','pnote')"/><font id='pnote'></font>
     </form>
     </body>
```

执行结果如下图所示。

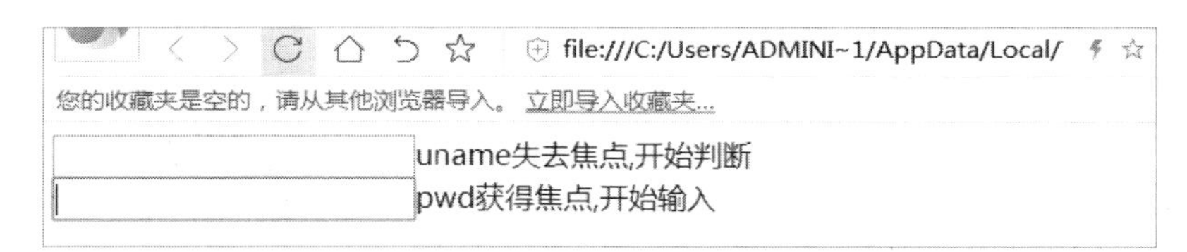

6.3 鼠标事件

鼠标事件主要是鼠标操作所触发的事件，如鼠标单击、双击、单击按下、单击抬起、鼠标滑过等状态都有相应的触发事件。鼠标事件是 Web 开发中最常用的一类事件，因为鼠标是最主要的定位设备。鼠标的具体事件如下表所示。

方　法	描　述
click	用户单击鼠标左键或者按 Enter 键触发
dbclick	用户双击鼠标左键触发
mousedown	在用户按下任意鼠标按钮时触发
mouseenter	在鼠标光标从元素外部首次移动到元素范围内时触发，不冒泡
mouseleave	元素上方的光标移动到元素范围之外时触发，不冒泡
mousemove	光标在元素的内部不断移动时触发
mouseover	鼠标指针位于一个元素外部，然后用户将首次移动到另一个元素边界之内时触发
mouseout	用户将光标从一个元素上方移动到另一个元素时触发
mouseup	在用户释放鼠标按钮时触发
mousewheel	滚轮滚动时触发

6.3.1 获取鼠标单击位置

鼠标在浏览器窗口移动，有时需要对鼠标在浏览器中的位置进行定位，以浏览器空白部分左上角为坐标原点，横向为 x 轴，纵向为 y 轴，通过 clientX 和 clientY 可以获得坐标位置。在下面的实例中，鼠标单击触发鼠标事件，然后获得鼠标单击的横坐标和纵坐标，以弹框的形式显示出来。

```
示例代码：
<!DOCTYPE html>
<html lang="en">
 <head>
```

```
<meta charset="UTF-8">
<title>Document</title>
<style>
html,body{    /*必须使用此 CSS，否则 onclick 无效*/
  width:100%;
  height:100%;
}
</style>
<script>
  function dian(e){
      dianX = e.clientX;       //获取在浏览器显示区域的坐标位置
      dianY = e.clientY;
      alert("x:"+dianX+",y:"+dianY);
  }
</script>
</head>
<body onclick='dian(event)'>
</body>
</html>
```

执行结果：鼠标在浏览器上单击后，调用 dian()，获得鼠标单击在窗体上的坐标位置，如下图所示。

6.3.2 鼠标悬停和离开

鼠标的悬停和离开是指鼠标停在某个 HTML 元素上或者离开某个 HTML 元素，当出现这两种状态时都可以触发事件，鼠标悬停是 onmouseover，鼠标离开是 onmouseout。在下面的实例中，当鼠标悬停到某个元素上时，它的高度变高，离开时高度恢复为初始状态，下面是一个简单的下拉菜单的实现效果。

```
示例代码：
<script>
    function showMenu(thisa){
        thisa.style.height="180px";
    }
    function hideMenu(thisa){
        thisa.style.height="30px";
    }
  </script>
  <div onmouseover='showMenu(this)' onmouseout='hideMenu(this)' style='width:
```

```
120px;height:30px;border:1px solid blue;overflow:hidden;background:#cccccc'>
  <table>
    <tr><td >下拉菜单</td></tr>
    <tr><td>菜单一</td></tr>
    <tr><td>菜单二</td></tr>
    <tr><td>菜单三</td></tr>
    <tr><td>菜单四</td></tr>
    <tr><td>菜单五</td></tr>
  </table>
  </div>
```

显示结果如下图所示。

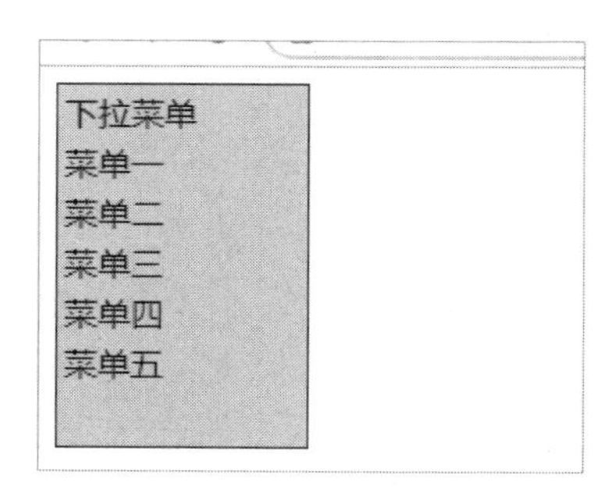

6.3.3 鼠标拖曳

鼠标拖曳就是可以用鼠标拖动页面上的 HTML 元素，鼠标拖曳的过程就用到了鼠标事件。当鼠标按下时移动鼠标，元素也会跟着移动；当鼠标抬起时，元素不会再移动。在鼠标移动时，根据鼠标的移动位置改变元素的样式使其跟着移动。

在下面的实例中，为鼠标绑定 onmousedown()、onmousemove()、onmouseup()事件。当鼠标按下时，将元素移动 flag 设置为 true，通过 id 获取 div 元素；当鼠标移动时，根据鼠标的位置设置 div 的 left 和 top，使其位置发生变化，达到移动的效果；当鼠标抬起时，将元素移动的 flag 设置为 false，元素不能移动。

```
示例代码：
<!DOCTYPE html>
<html lang="en">
 <head>
  <meta charset="UTF-8">
  <title>Document</title>
  <style>
  html,body{    /*必须使用此 CSS，否则 body 上的事件无效*/
    width:100%;
    height:100%;
  }
  #dd{
    width:120px;
```

```
    height:120px;
    background:#00ff00;
    position:absolute;
  }
  </style>
  <script>
    var dd;                    //要拖动的 div 引用
    var mflag=false;           //移动标志位
    function ondown(){
        dd=document.getElementById('dd');
        mflag=true;
    }
    function onmove(e){
        if(mflag){
            dd.style.left=e.clientX-60+"px";  //-60 是为了把鼠标放在 div 的中心
            dd.style.top=e.clientY-60+"px";
        }
    }
    function onup(){
        mflag=false;
    }
  </script>
  </head>
  <body onmousemove="onmove(event)"> <!-- 放在 body 上是为了鼠标快速移动时不会脱
离 div -->
  <div id='dd' onmousedown='ondown()' onmouseup='onup()' style='left:80px;
top:120px;'>
  </div>
  </body>
</html>
```

执行效果如下图所示。

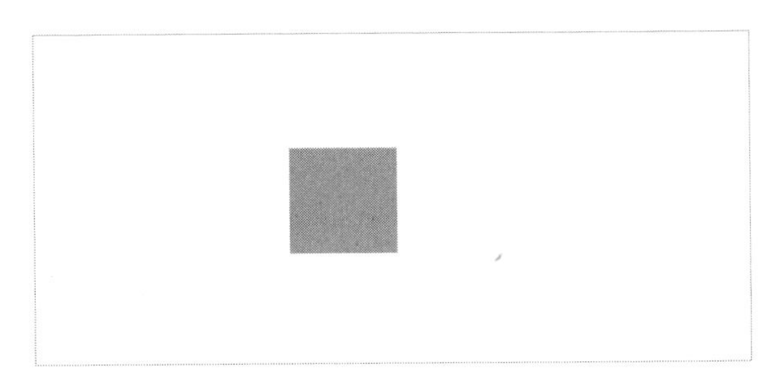

6.4 键盘事件

键盘事件就是有关键盘操作所触发的事件，主要包括按下键盘的字符键、按下任意键、键盘键抬起时触发的事件。有关的键盘事件如下表所示。

方　法	描　述
keydown	当用户按下键盘上的任意键时触发。按住不放，会重复触发
keypress	当用户按下键盘上的字符键时触发。按住不放，会重复触发
keyup	当用户释放键盘上的键时触发

在下面的实例中，主要对键盘事件进行练习，制作一个坦克运动的小实例：当按下 W 键会提示坦克前进；按下 S 键提示坦克后退；按下 A 键提示坦克左拐；按下 D 键提示坦克右拐；按下 Space 键提示坦克开火。

```
示例代码：
<!DOCTYPE html>
<html lang="en">
 <head>
  <meta charset="UTF-8">
  <title>Document</title>
  <style>
  html,body{    /*必须使用此 CSS，否则 body 上的事件无效*/
    width:100%;
    height:100%;
  }
  </style>
  <script>
    var tank = {};
    var moveState,attachState;
    window.onload=function(){
        tank['87'] = '前进';
        tank['83'] = '后退';
        tank['65'] = '左拐';
        tank['68'] = '右拐';
        tank['32'] = '开火';
        moveState = document.getElementById('moveState');
        attachState = document.getElementById('attachState');
    }

    function keydown(e){
        keycode = e.keyCode;
        if(keycode!=32&&tank[keycode]){
           moveState.innerText = tank[keycode];
        }
        if(keycode==32){
           attachState.innerText = tank[keycode];
        }
    }
    function keyup(e){
```

```
        keycode = e.keyCode;
        if(keycode!=32&&tank[keycode]){
            moveState.innerText = '静止';
        }
        if(keycode==32){
            attachState.innerText = '';
        }
    }
  </script>
 </head>
 <body onkeydown="keydown(event)" onkeyup="keyup(event)">
 <br/>
 坦克运行状态:<span id='moveState'>静止</span><br/>
 坦克攻击状态:<span id='attachState'></span>
 </body>
</html>
```

当按下 W 键和 Space 键时，执行结果如下图所示。

file:///C:/Users/ADMINI~1/AppData/Local/
您的收藏夹是空的，请从其他浏览器导入。 立即导入收藏夹...

坦克运行状态:前进
坦克攻击状态:开火

6.5 事件冒泡与捕获

事件发生会产生事件流。DOM 结构是一个树形结构，当一个 HTML 元素产生一个事件时，该事件会在元素节点与根节点之间按特定的顺序传播，路径所经过的节点都会收到该事件，这个传播过程可以称为 DOM 事件流。

事件流顺序有两种类型：事件冒泡和事件捕获，如下图所示。

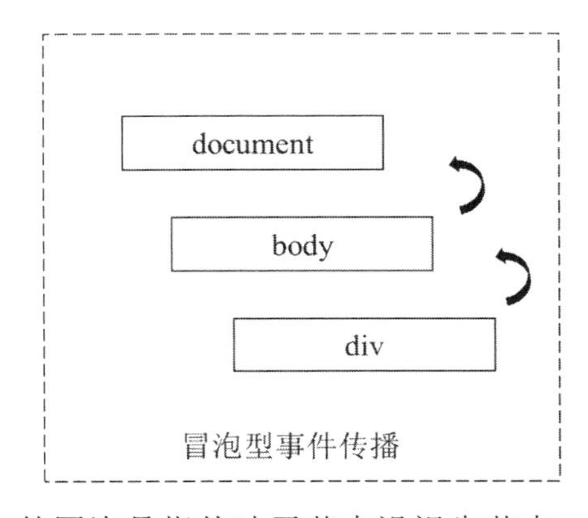

冒泡型事件传播

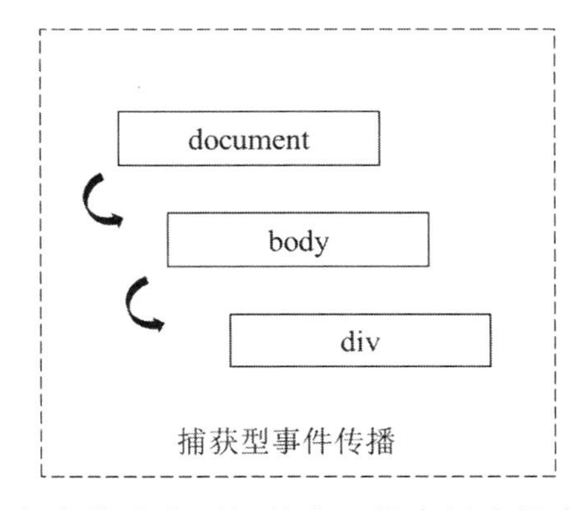

捕获型事件传播

事件冒泡是指从叶子节点沿祖先节点一直向上传递直到根节点，基本思路是事件按照从特定的事件目标开始到最不特定的事件目标，子级元素先触发，父级元素后触发。事件捕获与事件冒泡则相反，由 DOM 树最顶层元素一直到最精确的元素，父级元素先触发，子级元素后触发。事件的触发方式如下：

addEventListener("click","doSomething","true")

其中，在第三个参数为 true，则采用事件捕获；若为 false，则采用事件冒泡。

在下面的实例中，当单击左上角最里层红色 div 时，若第三个参数为 false，则响应顺序按照 id 为 d3→d2→d1 的 div 标签顺序冒泡；若第三个参数为 true，则响应顺序按照 id 为 d1→d2→d3 的 div 标签顺序捕获。

```
示例代码：
<!DOCTYPE html>
<html lang="en">
 <head>
  <meta charset="UTF-8">
  <title>Document</title>
  <style>
  html,body{     /*必须使用此 CSS，否则 body 上的事件无效*/
    width:100%;
    height:100%;
  }
  </style>
  <script>
    window.onload=function(){
        d1 = document.getElementById("d1");
        d2 = document.getElementById("d2");
        d3 = document.getElementById("d3");
        //true 表示在捕获阶段响应，顺序为 d1→d2→d3
        //false 或者不写表示在冒泡阶段响应，顺序为 d3→d2→d1
        d1.addEventListener("click",function(event){
            alert('d1 响应');
        },"true");
        d2.addEventListener("click",function(event){
            alert('d2 响应');
        },"true");
        d3.addEventListener("click",function(event){
            alert('d3 响应');
        },"true");
    }
  </script>
 </head>
 <body>
 <div id="d1" style="background:#0000ff;width:800px;height:600px">
    <div id='d2' style="background:#00ff00;width:400px;height:300px">
        <div id='d3' style="background:#ff0000;width:200px;height:150px">
```

```
            </div>
        </div>
    </div>
    </body>
</html>
```

执行结果如下图所示。

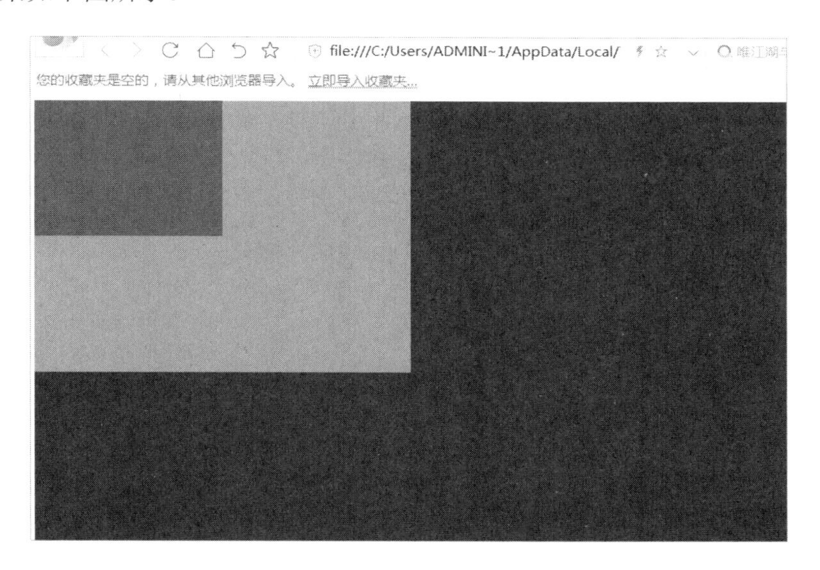

6.6 本章小结

本章主要介绍了 JavaScript 事件处理，如窗口事件（包括 load 事件、resize 事件、scroll 事件、焦点事件）、鼠标事件、键盘事件，以及事件的冒泡与捕获，从而使读者对 Web 前端的各种事件和事件机制有一个系统的了解，以便在应用中灵活运用。

章节练习

1．背诵记忆 JS 事件的三个阶段。

2．在页面上写一个 text 输入框，响应焦点离开事件，当焦点离开时，判别输入框中输入的是否是数字，如果不是，则弹出提示框，只能输入数字。

3．尝试将 6.3.3 节中的鼠标拖曳实例改写成页面上有多个 div，鼠标可以拖曳任意一个 div 方块。

反侵权盗版声明